アドホック・メッシュネットワーク

― ユビキタスネットワーク社会の
　　　　　実現に向けて ―

工学博士　間瀬　憲一
工学博士　阪田　史郎　共著

コロナ社

まえがき

　モバイルアドホックネットワークは古くて新しい技術である．大規模自然災害時の通信確保やユビキタスネットワーク実現の手段としても注目される．近年，情報通信分野の多くの国際会議がアドホックネットワークをトピックスの一つとして取り上げており，アドホックネットワークだけを対象とする国際会議，ワークショップも盛んである．IEEE Communications Society では 2004 年にアドホック・センサネットワークに関する Technical Subcomittee が設立され，2005 年には Technical Committee に昇格した．電子情報通信学会通信ソサイエティでは 2004 年 8 月にアドホックネットワーク時限研究専門委員会が設立され，2007 年 4 月からは常設の委員会として活動を開始した．アドホックネットワークはインターネット技術の一分野として IETF (Internet Engineering Task Force) で標準化が進展している．アドホックネットワークに関する本も欧米で次々と出版されている．

　同様にメッシュネットワークも Wi-Fi (wireless fidelity) の普及と相まって近年注目を浴びている技術である．ブロードバンドアクセスにおけるラスト 1 マイル対策，市内のどこでも Wi-Fi 利用を可能とする Municipal Wi-Fi 網の構築などへの利用が注目され，ディジタルデバイド解消対策としても期待される．また，メッシュネットワークは無線 LAN (local area network) だけでなく無線 MAN (metropolitan area network)，無線 PAN (personal area network)，センサネットワークでも有用な技術と考えられる．

　アドホックネットワークとメッシュネットワークは自律分散制御に基づく柔軟なネットワーク構成，無線マルチホップなど共通する技術課題を有し，応用面も重なるところが多い．ユビキタスネットワーク実現のキーとなる技術でもある．そこで，この二つの技術分野を包括的に取り扱い，共通する技術やそれ

ぞれの特徴を体系的に解説することは有意義であろう。これが，本書執筆の動機の一つとなった。また，両技術とも近年国際標準化が急進展しており，今後の技術開発や関連事業の展開に大きく影響を与える可能性があることから国際標準化の状況をタイムリに紹介したいということも本書執筆の動機となった。

本書は大学や大学院での講義用の教科書として，新たに本分野の研究開発に取り組む技術者の参考書として利用されることを念頭にわかりやすい記述を心がけた。インターネットや無線 LAN の基本的知識を前提としている。

1章ではアドホックネットワークとは何か，何に使えるかを中心に研究開発の状況，標準化状況，ユビキタスネットワークとの関連，アドホックネットワークの応用分野，これまでの製品などを解説した。2章ではアドホックネットワークの基本技術であるルーティングプロトコルに焦点を当て，技術体系や特徴を紹介した。特に，IETF におけるルーティングプロトコル標準化の最新状況を解説した。3章ではメッシュネットワークの技術体系と特徴，IEEE 802 の特に無線 LAN を用いたメッシュネットワークに関して検討が進んでいる IEEE 802.11s における最新標準化状況を解説した。2.6節，3.2節の標準化動向に関してはできるだけ最新の文献を参考に解説したが，現在進行形の部分もあり，今後標準化される内容に多少変更の可能性があることに留意頂きたい。4章ではアドホックネットワークのアドレス割当の問題を IETF における最近の状況を踏まえて解説した。5章ではアドホックネットワークやメッシュネットワークの性能評価の問題を取り上げ，シミュレーションによるアプローチとテストベッドによるアプローチの例を示した。6章では性能向上に向けた技術的なトピックスをいくつか取り上げ紹介するとともに，今後の技術や応用への展望を述べた。

本書の執筆に至る過程では多くの関係各位のご協力，ご支援を受けた。著者の一人が新潟大学でアドホックネットワークの研究を開始したのは，仙石正和新潟大学教授，篠田庄司中央大学教授のご支援によるところが大きい。アドホックネットワークプラットフォームに関するコンソーシアム設立および運営に当たっては小宮山牧兒氏（当時 ATR），多田順次氏（ATR），小花貞夫氏

(ATR) にご尽力頂いた。アドホックネットワークの初期の実験では信越総合通信局のご支援，アドホックネットワークプラットフォームに関するコンソーシアムの協力を得た。新潟大学テストベッドの構築，IETF におけるアドホックネットワーク関連の標準化提案活動においては総務省・戦略的情報通信研究開発推進制度（SCOPE）の支援，Ecole Polytechnique（仏）の Thomas Clausen 教授の協力を得た。OLSR の詳細仕様検討とその実装 nOLSRv2 の開発については，佐藤弘起氏（日立製作所），今井博英新潟大学助教の協力を得た。nOLSRv2 の QualNet 移植について，高井峰生氏（UCLA）の支援を得た。

IEEE 802.11s におけるメッシュネットワークに関する標準化提案活動においては SCOPE の支援，野崎正典氏（沖電気），情報通信研究機構（NICT）の張兵氏，Azman Osman Lim 氏，門洋一氏，高井峰生氏（UCLA）の協力を得た。また，標準化の内容について青木秀憲氏（NTT ドコモ），藤原淳氏（当時 NTT ドコモ），柳生健吾氏（NTT ドコモ），野崎正典氏（沖電気），高井峰生氏（UCLA）に資料のご提供を頂いた。車車間通信関連の研究では科学研究費補助金基盤 A の支援を受けた。メッシュネットワークのチャネル割当の研究では梅比良正弘氏（当時 NTT）の協力を得た。

長岡市旧山古志村におけるメッシュネットワークテストベッド「山古志ねっと」構築では新潟大学災害復興科学センター特別設備費の支援，NTT 東日本グループ，KDDI，信越総合通信局，新潟県，長岡市の協力を得た。スカイメッシュプロジェクトでは新潟大学プロジェクト推進経費，アドホックネットワークプラットフォームに関するコンソーシアム，信越総合通信局の支援および若宮直紀大阪大学准教授，石橋孝一氏（三菱電機），小杉正貴氏（インテック・ウェブ・アンド・ゲノム・インフォマティクス），松井進氏（日立製作所），牧野秀夫新潟大学教授の協力を受けた。これらの研究プロジェクトにおいて岡田啓新潟大学准教授，大和田泰伯氏（現新潟大学助教）をはじめとする学生諸君の献身的な研究開発と協力があった。

「首都圏直下地震発生時の帰宅困難者等の避難誘導に資するアドホック無線

システムの構築に関する調査検討会」の推進母体となっている総務省関東総合通信局および本調査検討会メンバに対し，2006年12月の実証実験に関する情報提供を頂いた．

ここに関係各位に感謝の意を表する．

2007年7月

間瀬憲一，阪田史郎

目　　　次

1. アドホックネットワークとメッシュネットワークの概要

1.1 基 本 概 念 ……………………………………………………………… 1
1.2 アドホックネットワークとメッシュネットワーク ……………… 3
1.3 研究開発の状況 ………………………………………………………… 5
1.4 関連技術の標準化動向 ………………………………………………… 15
1.5 ユビキタスネットワークとの関連 …………………………………… 16
1.6 アドホックネットワークの応用分野 ………………………………… 22
1.7 アドホックネットワーク製品の現状 ………………………………… 25
1.8 制御方式の評価と電力消費 …………………………………………… 27
　　1.8.1 制御方式の評価 ………………………………………………… 27
　　1.8.2 通信距離と送信出力 …………………………………………… 29
1.9 今 後 の 展 開 …………………………………………………………… 29

2. MANETのルーティングプロトコル

2.1 プロアクティブ型とリアクティブ型 ………………………………… 32
2.2 OLSRの基本機能と動作 ……………………………………………… 33
　　2.2.1 隣接ノードの発見 ……………………………………………… 33
　　2.2.2 MPR 選 択 ……………………………………………………… 34
　　2.2.3 トポロジー情報の配送 ………………………………………… 36
　　2.2.4 経 路 計 算 ……………………………………………………… 37

2.3 AODV の基本機能と動作 …………………………………… 38
　2.3.1 経 路 発 見 ………………………………………… 38
　2.3.2 シーケンス番号 ……………………………………… 40
　2.3.3 経 路 保 持 ………………………………………… 41
　2.3.4 リンク断の検出 ……………………………………… 42
　2.3.5 片方向リンクへの対応 ……………………………… 43
2.4 位置情報利用型ルーティングとジオキャスト ……………… 43
　2.4.1 位置情報利用型ルーティングの概要 ……………… 43
　2.4.2 次ホップ転送方式 …………………………………… 45
　2.4.3 指向型フラッディング方式 ………………………… 46
　2.4.4 次ホップ転送方式と指向型フラッディング方式の比較 …… 48
　2.4.5 ジ オ キ ャ ス ト ……………………………………… 49
2.5 マルチキャストプロトコル …………………………………… 52
　2.5.1 マルチキャストプロトコルの分類 ………………… 54
　2.5.2 おもなマルチキャストプロトコルとその性能評価の概要 …… 57
2.6 MANET ルーティングプロトコルの標準化動向 …………… 64
　2.6.1 概　　　　要 ………………………………………… 64
　2.6.2 パケット・メッセージフォーマット ……………… 65
　2.6.3 NHDP ………………………………………………… 67
　2.6.4 OLSRv2 ……………………………………………… 70
　2.6.5 DYMO ………………………………………………… 73
　2.6.6 SMF …………………………………………………… 74

3. メッシュネットワーク

3.1 無線 LAN の概要 ……………………………………………… 76
3.2 メッシュネットワークの標準化方式 ………………………… 91
　3.2.1 ネットワークモデルと標準化動向 ………………… 91
　3.2.2 無線 PAN メッシュネットワーク …………………… 95
　3.2.3 無線 LAN メッシュネットワーク …………………… 97
　3.2.4 無線 MAN メッシュネットワーク ………………… 124

4. IPアドレス自動割当

4.1 MANETローカルアドレスの自動割当 …………………………………… *127*
4.2 アドレス自動割当のフレームワーク …………………………………… *128*
4.3 重複アドレス検出の実現指針 …………………………………………… *130*
   4.3.1 プリサービスDAD ………………………………………………… *130*
   4.3.2 インサービスDAD ………………………………………………… *131*
4.4 MANETのインターネット接続 ………………………………………… *132*
4.5 複数ゲートウェイを考慮したインターネット接続方式 …………… *134*

5. シミュレーションとテストベッドによる性能評価

5.1 性能評価の基本 …………………………………………………………… *138*
5.2 シミュレーションを用いた評価例 …………………………………… *139*
   5.2.1 インターネット接続のモデル化 ………………………………… *139*
   5.2.2 シミュレーション結果と分析 …………………………………… *142*
5.3 テストベッドを用いた評価例 ………………………………………… *146*
   5.3.1 テストベッドの概要 ……………………………………………… *146*
   5.3.2 無線LANの動作モード ………………………………………… *148*
   5.3.3 自動実験方式 ……………………………………………………… *149*
   5.3.4 実 験 例 …………………………………………………………… *151*

6. MANET, メッシュネットワークの技術課題, トピックス

6.1 リンクメトリック ……………………………………………………… *157*
6.2 クロスレイヤ設計 ……………………………………………………… *161*
6.3 チャネル割当方式 ……………………………………………………… *163*
6.4 メッシュネットワークにおけるステーション所属情報の管理 …… *171*

6.5 QoS …………………………………………………………… *174*
6.6 セキュリティ ……………………………………………… *177*
 6.6.1 ルーティングプロトコルの安全化 ……………………… *177*
 6.6.2 相互監視による安全化 …………………………………… *181*

引用・参考文献 ……………………………………………… *184*
索　　引 ……………………………………………………… *192*

1 アドホックネットワークとメッシュネットワークの概要

1.1 基本概念[1],†

　モバイルアドホックネットワーク（**MANET**：mobile ad hoc network，以下では単に MANET）は，端末のみによって端末相互の通信を実現する技術である。端末は新たに追加されたり，退去したり，移動するダイナミックな環境を想定する。特別な役割を持つ端末は存在せず，どの端末も同様の役割を持ち，対等の関係にあることが基本である。無線 LAN のバックボーン回線やアクセスポイント（**AP**：access point）といったインフラストラクチャを必要としないため，場所を選ばず端末が集まった時点で即座にネットワークが構築される。周囲のどの方向の端末とも通信可能とするため，アンテナは**無指向性**のアンテナ（**オムニアンテナ**）を使用する。各端末が一つの無線インタフェースを持つ場合，複数の伝送チャネルが利用できる通信方式の場合であっても共通チャネルを用いることにより通信を可能とする。送信元の端末と宛先となる端末が近在し，見通しが良い場合には端末間で直接通信が可能である。このような通信形態を 1 ホップ通信という。また，1 ホップで通信可能な端末を隣接端末という。宛先との距離が長かったり見通しがなかったりすると，直接通信ができないため，中間に存在する他の端末を中継して通信する。このような通信形態をマルチホップ通信という。このように，MANET では端末（IP ネッ

---

† 肩付き数字は，巻末の引用・参考文献を表す。

トワークではホストと呼ばれる）が中継機能も実現することになる。このような機能はルーティングと呼ばれ，IPネットワークでいえばルータの機能である。言い換えれば，MANETではホストがルータの役割も兼ねる。本章ではMANETルーティングが動作するホストやルータを一般的にノードと呼ぶことにする。前述のように，各ノードは対等であるので，ノード自身が自律分散的・自動的に中継経路を選択する機能が必要である。**図1.1**にMANETの概念図を示す。インターネットの基本構成単位としては**AS**（autonomous system）という概念がある。ASは一つの組織により管理されるネットワークであり，同一のルーティングプロトコルが使用される。AS内で使用される**ルーティングプロトコル**もルータによる自律分散制御を前提としている。MANETも原理的にはASと同様に捉えられるが，ノードの高移動性や限られた無線帯域などの特徴を考慮したルーティングプロトコルが必要になる。

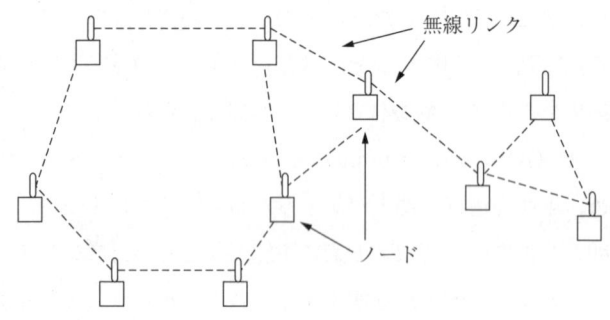

図1.1　MANETの概念図

ここでMANETの特徴はつぎのようにまとめられる。
① ノードはユーザ端末（ホスト）であり，移動性を有する。
② 一時的に利用されるネットワーク。
③ 有線ケーブルの配線を必要とせず，ノードだけで構成されるネットワーク。
④ ノードはルータの役割を兼ね，**無線マルチホップ通信**が行われる。
⑤ ノードの移動，無線通信の特性によりネットワークトポロジーが頻繁に変更する可能性がある。

⑥ 無線マルチホップに最適化した**ルーティングプロトコル**が利用される。

　LANでは同一のLANに所属する端末どうしの通信だけでなく，インターネットなど外部のネットワークと接続する利用形態が一般的である。MANETでも同様にブロードバンドアクセスやユビキタスネットワークの足回りのネットワークなど，インターネットと接続して利用される形態が考えられる。この場合，MANETのノードの一部が**インターネットアクセス**を提供するルータ（アクセスルータ）へ有線または無線インタフェースを介して接続する。MANET単独で存在する形態を**スタンドアローン型 MANET**，インターネットと接続する形態を**接続型 MANET**と呼ぶ。それぞれの概念図を図1.2に示す。

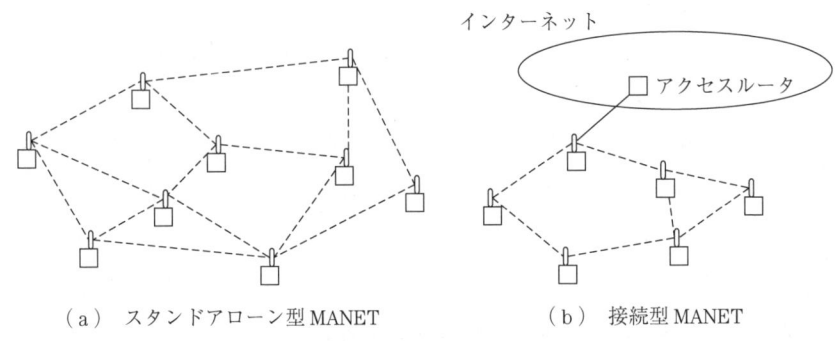

（a）スタンドアローン型 MANET　　　（b）接続型 MANET

図1.2　MANETの利用形態

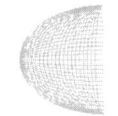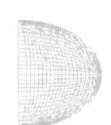

1.2　アドホックネットワークとメッシュネットワーク[1],[2]

　メッシュネットワークは種々の意味で用いられるが，ここでは，一般的に，「対象とするエリアに自動的・自己組織的に無線マルチホップに基づく相互接続性を確保するノード群の総称」と定義する。以降に述べるIEEE 802.11s規格に基づきメッシュネットワークのノードを**メッシュポイント**（**MP**：mesh point）と呼ぶことにする。MANETのノードと異なり，MPは通常固定配置され，従来のインフラストラクチャ型無線LANのアクセスポイント（AP）

と同様に，ユーザ端末とは別の専用のノードとして配置される場合も考えられる．また，MP 自身が AP の機能を有する場合もあり，そのような場合**メッシュアクセスポイント**（**MAP**）と呼ぶ．この場合，通常の無線 LAN の端末（ステーション）も MAP を介してメッシュネットワークとの接続が可能になる．以下では単に MP というときは MAP も含んだ意味で用いることとする．複数 MP からなるメッシュネットワークでは，MP 間は無線接続され無線マルチホップの通信となる．AP 間を有線接続する従来の無線 LAN と比べ，MP 間の配線工事が不要であるため，ネットワーク構築費用と時間を短縮できる利点がある．MANET とメッシュネットワークでは想定される利用環境が異なるが，1.1 節にまとめた MANET の特徴のうち，③〜⑥はメッシュネットワークにも当てはまると考えられる．

メッシュネットワークを MANET の延長線上で考えると，ノードをルータとして扱い，**ルーティングプロトコル**をネットワーク層で実現するアプローチとなる．この立場で，MP 間の通信プロトコルを実現する方法が提案されている．一方，メッシュネットワークをインフラストラクチャ型無線 LAN の延長線上で考えると，MP をブリッジとして扱い，ルーティングプロトコルを**リンク層**[1] で実現するアプローチとなり，IEEE[2] 802.11s の規格として標準化途上にある．メッシュネットワークの概念図を**図 1.3** に示す．

メッシュネットワークは，MANET と異なり常時利用にも適していることから，コミュニティネットワークやインターネットへのアクセス網として有用と考えられる．このような場合，単独利用より外部のネットワークと接続して利用する形態が基本になる．このとき，外部のネットワークとのゲートウェイとなるノードを**メッシュポータル**（**MPP**：mesh point collocated with a mesh portal）と呼ぶ．

IEEE 802.11a/b/g（3.1 節参照）などの無線 LAN では複数の伝送チャネ

---

[1] リンク層は論理リンク制御（LLC：logical link control）層と媒体アクセス制御（MAC：media access control）層からなる．
[2] The Institute of Electrical and Electronics Engineers, Inc.（米国電気電子学会）

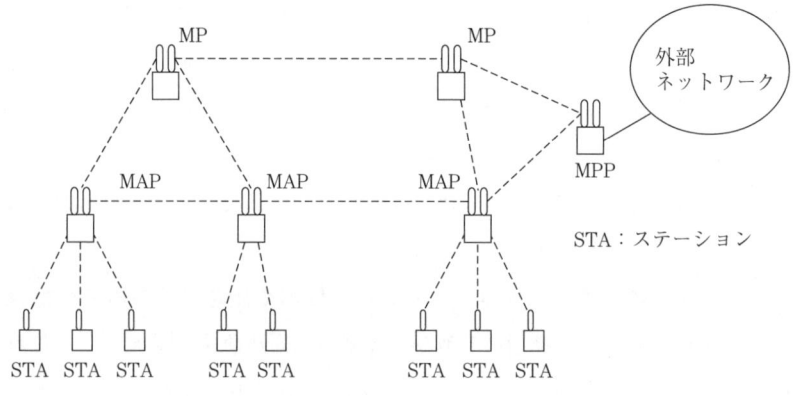

図 1.3 メッシュネットワークの概念図

ルを利用可能である．各ノードが一つの無線インタフェースを持つ場合，共通チャネルを利用する方式が基本となる（1.1 節参照）．メッシュネットワークでは MP の固定配置が普通であり，使用電力，サイズ，重さなどの制約が少なく，各 MP に複数の無線インタフェースを装備することも可能である．この場合，各インタフェースに異なるチャネルを割り当てることにより通信容量を拡大することが可能である．

1.3 研究開発の状況

　MANET，メッシュネットワークに関するテストベッドの開発，ルーティングプロトコルの標準化を中心に研究開発の状況を概観する．インターネットが米国国防省（DoD：Department of Defense）の支援を受けて ARPA（Advanced Research Projects Agency）により構築された ARPANET を起源とすることはよく知られている．MANET に関連する萌芽的研究もほぼ同時期に軍事研究としてスタートしている．戦場においては既存の通信インフラストラクチャへの依存は考えられず，この中で戦場に展開する戦闘員，戦車，航空機間などに通信手段をすばやく確保し，維持することが軍事作戦遂行に不可欠とされたためである．1970 年代以降，米国を中心に軍などをスポンサと

する多くのMANET関連の軍事研究プロジェクトが推進されてきた。DARPA（Defense Advanced Research Projects Agency）による1972年開始のPRNET（packet radio network），1983年開始のSURAN（survivable radio network）などが知られている。しかし，当時の技術ではパケット無線装置などが大きく高価で，大きな電力を必要とし，商用利用できるものではなかった。

近年，LSI技術の進展によりコンピュータ機器や無線通信機器の小型軽量化，経済化が実現し，移動通信や無線LANの技術が急速に進展した。これによって，MANET，メッシュネットワークの商用利用も視野に入ってきたといえる。MANET，メッシュネットワークの商用利用を意図する研究プロジェクト，テストベッドの構築，コンソーシアムや関連ビジネスも推進されてきている。

ジョージア工科大学（米）ではC.K. Tohらが90年代後半にキャンパス内に4ノードからなるMANETテストベッドを構築した。ノートPC，Linux，2.4 GHz帯の無線LAN/PCMCIAカードを用いた[3]。

D.B. Johnsonはカーネギーメロン大学（米），2000年以降はライス大学（米）においてMANET研究を推進した。1992年にスタートしたモバイルユーザ間のシームレスなネットワーキングサポートを目指すMonarch（mobile networking architectures）プロジェクトを率いており[4]，この中で開発されたシミュレーションツール **ns-2** への無線と移動モデルに関する拡張（wireless and mobility extensions to ns-2）はMANETのシミュレーションによく利用されている。1998年から1999年にかけて2個の固定ノードと5個の移動ノードからなるテストベッドを構築した[5]。当時はIEEE 802無線LANが利用できず900 MHz帯の無線LANが利用された。1998年3月にはリアクティブ型ルーティングプロトコル **DSR**（dynamic source routing）の最初のインターネットドラフトを提案し，2007年2月に実験的 **RFC 4728**[†] となった。

---

† RFC：request for comments

1.3 研究開発の状況

欧州通信規格協会（**ETSI**：European Telecommunications Standards Institute）では1992年ごろに無線LANの標準化を目指すHIPERLAN（high performance radio Local Area Network）というワーキンググループが設立され，1996年に標準規格が発行された．この検討の中で，Philippe JacquetをヘッドとするINRIA（仏）のProject Hipercomにおいてマルチポイントリレー（**MPR**：multipoint relay）を用いたMANETルーティングの基本コンセプトが生まれた．このコンセプトに基づくプロアクティブ型ルーティングプロトコル**OLSR**（optimized link state routing protocol, 2.2節参照）の最初のインターネットドラフトが1998年11月に提案され，2003年11月に実験的**RFC 3626**となった．この標準化の中心となったT. Clausenは2005年以降に，Ecole Polytechnique（仏）において，INRIAと連携しつつ標準化トラックRFCを目指す**OLSRv2**（2.6.4項参照）の国際設計チームを率いている．国際設計チームには，わが国からも新潟大学，日立製作所，慶應義塾大学が参加している．

C. E. PerkinsはIBM T.J. Watson Research Center（米）においてプロアクティブ型ルーティングプロトコル**DSDV**（destination-sequenced distance-vector routing），Sun Microsystems（米），Nokia Research Center（米）においてリアクティブ型ルーティングプロトコル**AODV**（ad hoc on-demand distance vector, 2.3節参照）の開発を進めた．AODVの最初のインターネットドラフトは1997年11月に提案され，2003年7月に実験的**RFC 3561**となった．現在，Boeing（米）のI. Chakeresが中心となり標準化トラックRFCを目指してAODVの流れをくむ**DYMO**（2.6.5項参照）の標準化を進めている．

SRI International（米）のR. Ogierらは2000年7月にプロアクティブ型ルーティングプロトコル**TBRPF**；topology dissemination based on reverse-path forwarding）の最初のインターネットドラフトを提案し，2004年2月に実験的**RFC 3684**となった．

MIT（米）ではR. MorrisらのグループによりGrid Ad Hoc Networking

という研究プロジェクトを推進しており，2000年から2003年にかけてキャンパス内を中心に22ノードの屋内テストベッド，7ノードの屋外テストベッドを構築した[6]。屋内テストベッドのノードはPCと無線LANカードにより構成される。OSは主としてLinux，ルーティングプロトコルは**DSDV**を用いた。屋外テストベッドもほぼ同様の構成であり，5.2 dBiと12 dBiの無指向性アンテナ，9階屋上のインターネットへのゲートウェイには13.5 dBiの指向性八木アンテナを用いた。さらにケンブリッジの学生アパートがある4 km四方のエリアにおいて屋外テストベッド（roofnet）の構築が進められ，2005年には20ノード程度が稼動した模様である。roofnetではIEEE 802.11bカード，8 dBi無指向性アンテナ，12 dBi指向性八木アンテナ，ETT（expexted transmission time）と類似のリンクメトリック（6.1節参照）を利用するSrcrというルーティングプロトコルが使われている[7]。

スイス連邦工科大学ローザンヌ校（EPFL：Swiss Federal Institute of Technology Lausanne）が中心となり，2000年から10年計画でTerminodeと呼ばれるプロジェクトを推進している[8]。免許不要の周波数を用いて広域をカバーし，数百万のノードを収容可能な無料サービスのMANETを構築することを目標としている。

UCLA（米）ではR. BagrodiaらによりDARPA（Defense Advanced Research Projects Agency）の資金を受けて1998年から2001年にかけて無線ネットワークを主対象としたシミュレーションツール**GloMoSim**（global mobile information systems simulator）が開発され，MANETの研究によく利用されている[9]。10万ノードまでのシミュレーションを可能とするスケーラブルなシミュレーションツール開発を目標とした。2001年以降，GloMoSimの商用版QualNetが開発されている。また，2003年からUCLAを中心としてカルフォルニア州の大学が連携し，WHYNETというプロジェクトを実施した[10]。これはエミュレーション，シミュレーション，物理テストベッドを統合・融合したスケーラブルかつフレキシブルなワイヤレステストベッドの開発を目標として，無線LAN，メッシュネットワーク，MANET，**VANET**

1.3 研究開発の状況

(vehicular ad hoc network，車車間 MANET) などを研究対象とした。

Microsoft では 2003 年ごろ，R. Draves らのグループが 23 ノードからなる室内テストベッドを構築した[11]。各ノードは Windows XP 搭載の PC および IEEE 802.11a の無線 LAN カードからなり，802.11g を加えてマルチインタフェースとしての動作も可能である。**DSR** の基本機能をベースとしたリンク状態型のルーティングプロトコル LQSR (link-quality source routing) を使用し，**ETX**，**WCETT** などのリンクメトリックを実装可能である (6.1 節参照)。LQSR はネットワーク層とリンク層の間に設けた MCL (mesh connectivity layer) という層に Windows ドライバとして実装され，メッシュネットワークをリンク層で実現している。

2003 年に NSF の支援によりスタートした ORBIT プロジェクトでは，ラトガー大学（米）を中心にいくつかの大学，研究所が協力して，縦横 1 m 間隔 20×20 の格子状に市販パソコンベースのノードを配置した大規模な屋内テストベッドを構築した[12]。送信電力制御などにより，異なったトポロジーを実現する。多くのノードからなるネットワークにおいて再現性のある実験を可能にしようという試みである。

2000 年ごろから米国を中心に，おもにベンチャー企業が MANET，メッシュネットワーク関連分野に参入しビジネスを展開している。免許不要の 2.4 GHz 周波数帯域を利用すること，**マルチホップ通信**を行うこと，**オムニアンテナ**を利用することなどの共通点がある。アンテナは家屋の屋根や街路灯に取り付けられることからルーフトップ，ポールトップなどと呼ばれる。また，フィラデルフィア，ニューオリンズ，サンフランシスコなど，全米の多くの都市では，市内のどこでも無線 LAN を無料/低価格で利用できる市内 **Wi-Fi 網**の計画・導入が進んでおり，この中でメッシュネットワークの利用が注目されている。

わが国では 2003 年 12 月に産学官連携の「MANET のプラットフォームに関するコンソーシアム」が設立され，MANET に関する共同実験，共同プロジェクト，シンポジウムなどの啓蒙活動を進めている[13]。

10　　1. アドホックネットワークとメッシュネットワークの概要

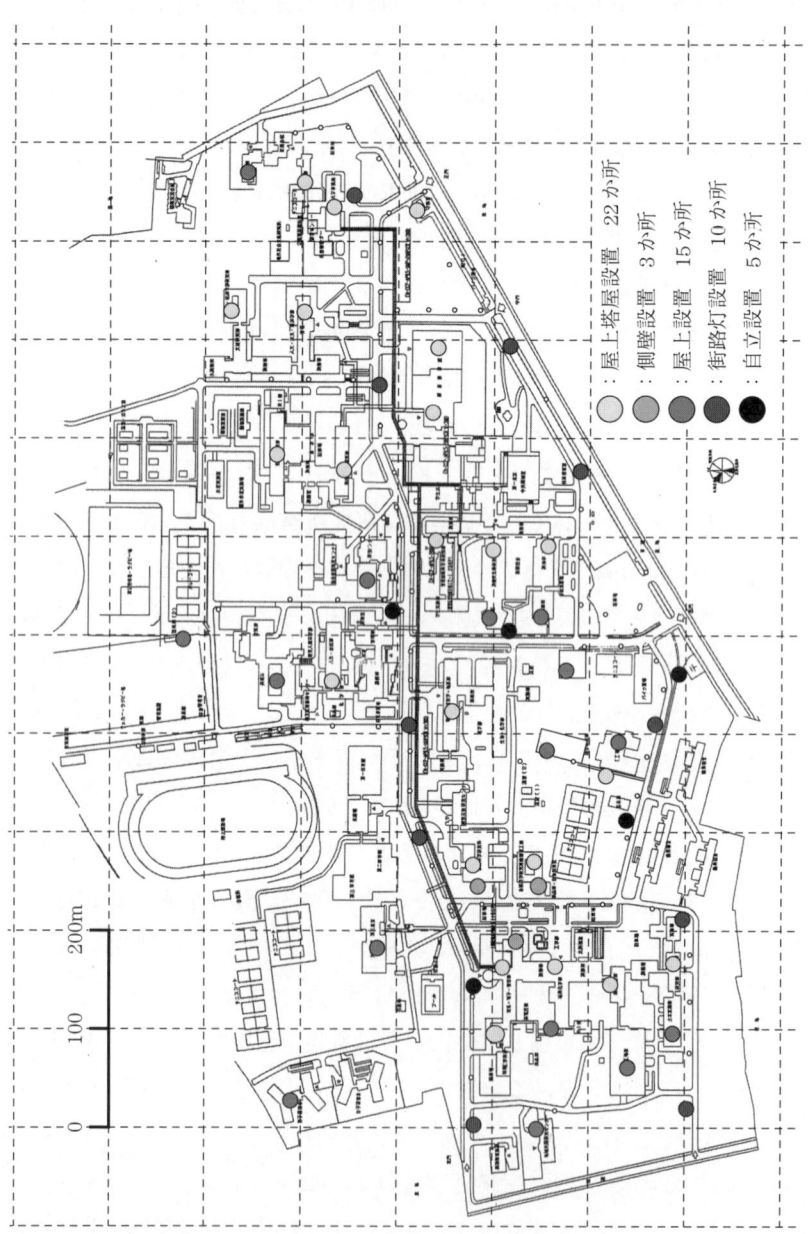

図 1.4　新潟大学テストベッドのノード配置図

国際電気通信基礎技術研究所（ATR）は PC，PDA と IEEE 802.11b 無線カードからなる 50 ノードの屋内テストベッドを構築した[14]。**OLSR，FSR** (fisheye state routing) をベースに，受信電力強度を経路選択に反映する機能を加えたルーティングプロトコルを動作させている。これにより **VoIP** (voice over internet protocol) などのアプリケーションの高品質化を図っている。

新潟大学の研究グループは 2004 年 11 月に世界最大規模のノード数 50 台からなる屋外 MANET・メッシュネットワークのテストベッドを新潟大学構内に構築した（図 1.4，図 1.5）[15]。各ノードは小型制御装置，Linux，IEEE 802.11b 無線カードからなる。ノードは固定配置されるが，移動ノードと組み合わせた実験も可能である。テストベッドの詳細は 5.3 節に述べる。このテストベッドはその後，屋外，屋内で拡張され，ノード数約 70 台のテストベッドになり，複数の研究グループにより利用されている。2006 年 10 月には MANET・ルーティングプロトコルの標準化活動に関連する活動の一環として，第 3 回 **OLSR インタロップ**が新潟大学で開催され，テストベッドを利用して **OLSR，OLSRv2** (2.6.4 項参照) の異なる実装間の相互接続検証試験が実施された。

新潟大学では，2005 年よりスカイメッシュというプロジェクトを推進している。大規模災害時の通信確保を目的とし，気球を利用することにより，ノー

図 1.5　街路灯設置のノード

ドを地上50～100 m の上空に配備しメッシュネットワークを構成する。気球を利用するため迅速なネットワーク構築が可能であり，ノード間の見通し確保も容易である。地上のネットワーク設備が破壊されたとしても災害直後から1週間程度の災害復旧時に災害状況の把握，安否確認，救援活動などに利用できる。衛星通信と連携すれば被災地と外部の通信手段を確保できる。2005年から2006年にかけて，新潟大学キャンパス，長岡市旧山古志村でそれぞれ4機と3機の気球を使用して実証実験が行われた（**図 1.6，図 1.7**）[16]。ノードは小型制御装置，Linux，IEEE 802.11a/b/g 規格対応の無線 LAN カード，madwifi ドライバ，GPS，7.5 dBi の無指向性コーリニアアンテナ（気球間），

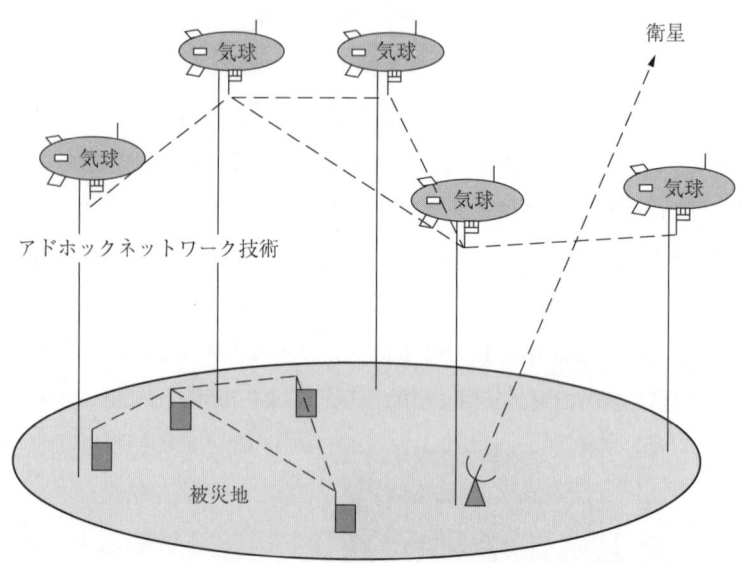

図 1.6　スカイメッシュのイメージ

図 1.7　気球に吊り下げたスカイメッシュのノード装置

1.3 研究開発の状況

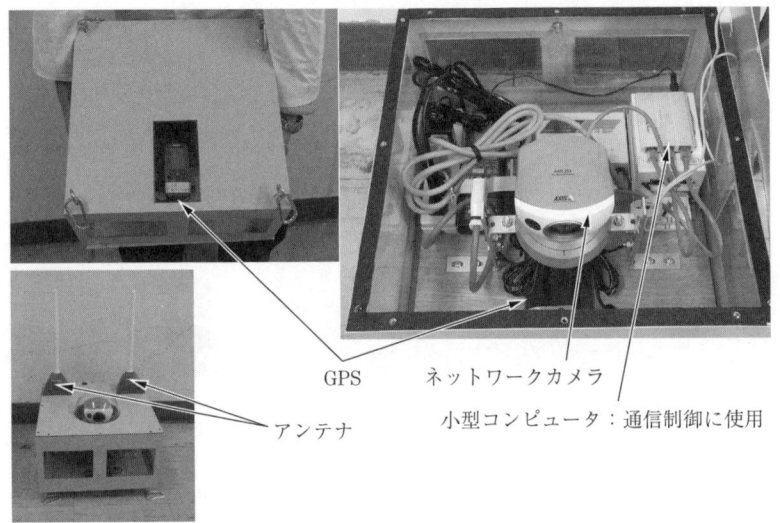

図1.8 スカイメッシュのノード装置構成（総重量 約4.2 kg）

12 dBi 八木アンテナ(気球-地上間)，カメラなどで構成した(**図1.8**)。上空から撮影した映像の配信，**VoIP 通信**，携帯情報端末(**PDA**：personal digital assistant) を用いた安否登録などのデモンストレーションに成功した。

2006年設立の新潟大学災害復興科学センターにおいて，山古志ねっと共同実験プロジェクト(新潟大学，NTT 東日本グループ，KDDI，信越総合通信局，新潟市，長岡市) がスタートし，2006年10月には長岡市旧山古志村に5 GHz 高速無線アクセスシステムとメッシュネットワークを組み合わせたテストベッドが構築された(**図1.9～図1.11**)[17]。村役場と二つの地区間を高速無線アクセスシステムでスター上に結び，各地区でそれぞれ，12個，8個のメッシュネットワーク用ノードを電柱上に配置した。各ノードは小型制御装置，Linux，IEEE 802.11g 無線 LAN カード2枚，無線 LAN アクセスポイント，ホイップ型5 dBi 無指向性アンテナからなる。無線 LAN デバイスドライバは madwifi (アドホックデモモード)，ルーティングプロトコルは nOLSRv2[18]や OLSRd を使用している。このテストベッドは中山間地にブロードバンドを経済的に提供するモデルネットワークとして注目されている。

14   1. アドホックネットワークとメッシュネットワークの概要

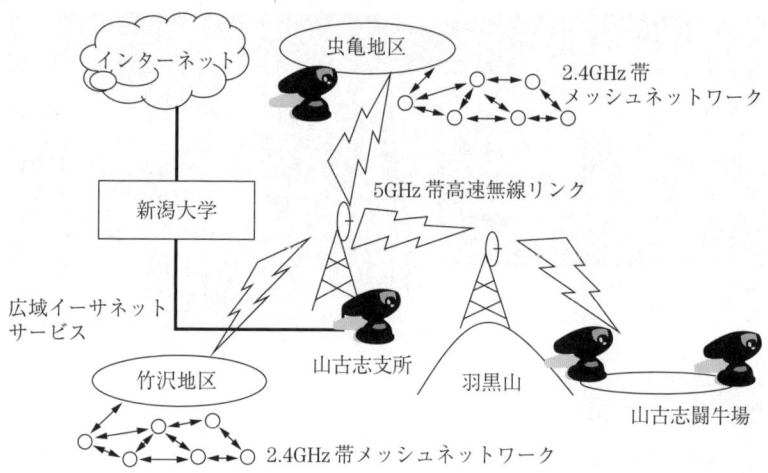

図 1.9　山古志ねっとのネットワーク構成

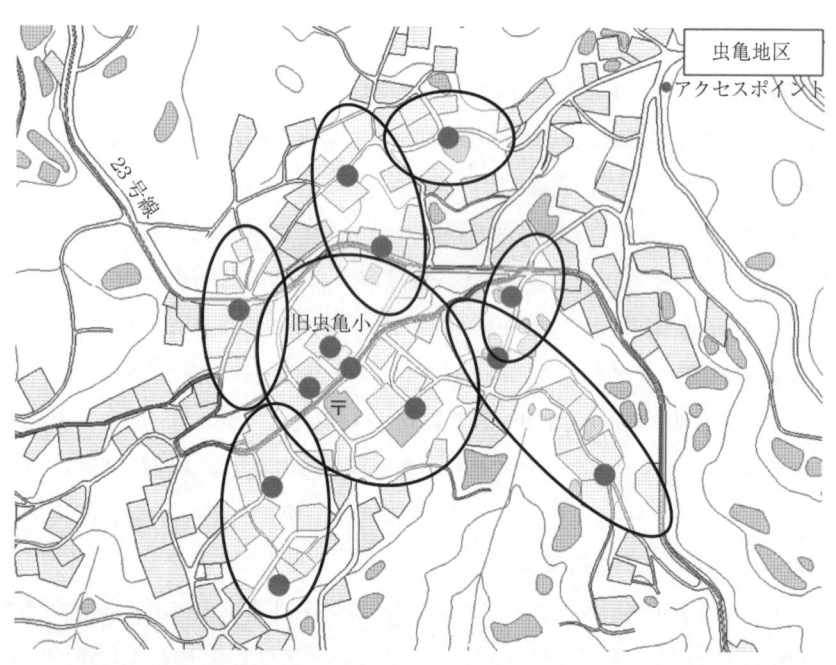

図 1.10　旧山古志村虫亀地区のノード配置
(昭文社地図データベース　マップルデジタルデータ 10000（新潟県）利用)

図 1.11　電柱上の通信ノード

1.4　関連技術の標準化動向

　米国では IEEE が 1990 年に 802.11 ワーキンググループを設立し，無線 LAN 規格の標準化を進めてきており，1999 年以降には IEEE 802.11a/b/g などの規格が標準化された．なお，ヨーロッパでは同時期に ETSI が無線 LAN 規格の標準化を目指す HIPERLAN ワーキンググループを設立している．HIPERLAN の標準化はマーケット的には成功しなかったが，アドホックモードの採用など IEEE 802.11 の規格に影響を与えた．また，前述のように OLSR の MPR というコンセプトのルーツとなった．

　IEEE 802.11 の標準規格対応製品の相互接続性を保証するため互換性テストを行い消費者の認知度を高める業界団体が活動しており，その認定を受けた製品は **Wi-Fi**（wireless fidelity）というブランド名で知られている．

　IEEE 802.11b/g は 2.4 GHz 帯（ISM バンド），IEEE 802.11a は 5 GHz 帯のいずれも電波免許不要の周波数帯の電波を使用すること，無線 LAN カードの低価格化，Wi-Fi による認知度向上，ノートパソコン内蔵無線 LAN 製品の登場などにより，2002 年ごろから本格的に普及した．このような状況から MANET の研究やテストベッドでは，無線通信部分に IEEE 802.11 の無線

LAN 規格を用いることが一般的になっている。無線 LAN の動作モードとして，ステーションがアクセスポイントを経由して通信するインフラストラクチャモードとアクセスポイントを利用せず直接端末どうしで接続するアドホックモードがあり，後者を利用することが多い (5.3.2 項参照)。2003 年には無線 LAN 規格を拡張してメッシュネットワークを実現する検討が開始され，2004 年 5 月にタスクグループ S が設立された。2008 年までに 11s 規格を発行する計画である。

他方，インターネットプロトコル標準開発の中心機関である **IETF** (Internet Engineering Task Force) では 1997 年 8 月に，Mobile Ad-hoc Networks (**MANET**) というワーキンググループを設立し，MANET 用ルーティングプロトコルの標準化検討がスタートした。その結果，2003 年以降，四つのルーティングプロトコルの実験的 RFC が発行された。2007 年を目標に二つのルーティングプロトコルおよび関連プロトコルの標準化トラック RFC 発行を目指し，標準化検討が進んでいる。その詳細は 2.6 節に述べる。

MANET においてルーティングプロトコルが動作するための前提として，各ノードの MANET インタフェースに一意的に IP アドレスが割り当てられていることが必要である。図 1.2(a) のスタンドアローン型 MANET のように，全体を管理するノードが存在しない環境下で各ノードがどのように自身の MANET インタフェースに他のノードと重複しないアドレスを割り当てるかという課題がある。また，図 1.2(b) の接続型 MANET では，各ノードがどのようにグローバルアドレスを獲得し，インターネットと通信するかが課題である。これらの課題を検討するため，IETF では 2005 年 11 月に Ad-Hoc Network Autoconfiguration (**AUTOCONF**) というワーキンググループを設立し，活動を開始している。

1.5　ユビキタスネットワークとの関連

（1）**ユビキタスネットワークとは**　　ユビキタス (ubiquitous) は，1980

年代末に，当時 XEROX の PARC（Palo Alto Research Center）において，HCI（human computer interaction）分野の研究者であった Mark Weiser（1952〜1999 年）が，「遍<ruby>く<rt>あまね</rt></ruby>存在する（どこにもある）」という意味で使い始めた用語である。Mark Weiser は，ユビキタスコンピューティングを，「多くのコンピュータが人間の見えない，あるいは人間が意識しないところで協調しながら，その時その場所の状況に合わせて，的確に効果的にかつきめ細かく人々の生活を支援する仕組み」と定義した。

しかし，人々の生活を真に支援するためには，コンピュータ群がネットワークを通して協調する機能が不可欠である。筆者らは，コンピュータとネットワークの両機能が連携したこのようなシステムをユビキタスシステムと呼び，ネットワークの部分をユビキタスネットワークと呼んでいる。

総務省は u（ubiquitous）-**Japan**（2005 年），経済産業省は e（electronic）-**Life**（2003 年）を掲げ，ユビキタスシステムの技術開発推進，普及促進を図っており，産・官・学による共同研究も活発化してユビキタスシステムの実現に向けた環境が整いつつある。

ユビキタスを，システムの設計指針，相互運用性，拡張性などアーキテクチャの視点から捉えると，図 1.12 のように体系化することができる。すなわち，ユビキタスシステムを実現する技術は，デバイス・インフラレベルに対応するセンシング技術と無線ネットワーク技術，アプリケーション支援に位置付けられる状況認識・適応（コンテキスト・アウェアネス）技術，その両者をつなぎ合わせるインターネット・ミドルウェアとしての自律分散協調移動制御，および各階層に応じたセキュリティ技術，のたがいに関係する五つの技術に集約することができる。この中の無線ネットワークの部分をユビキタスネットワークということができる。

ここでは，ユビキタスネットワークの位置付けを明確にするため，無線ネットワークをユビキタスネットワークの主要構成要素として強調しているが，トータルシステムとしては，もちろん無線ネットワークと有線のバックボーンネットワークとの連携が重要である。

18　　1. アドホックネットワークとメッシュネットワークの概要

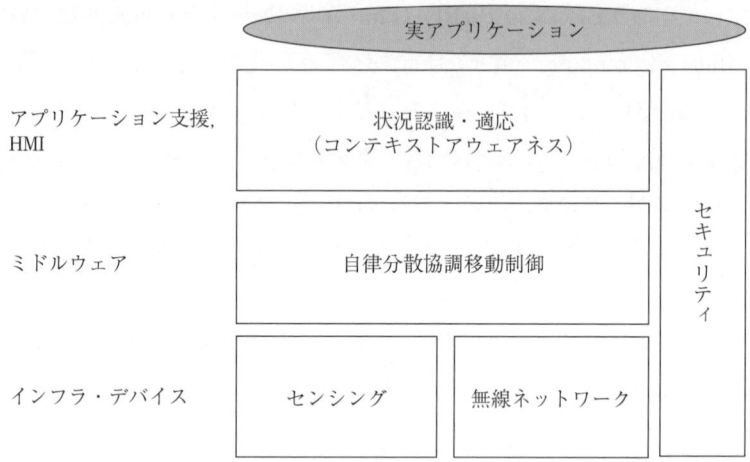

図 1.12　ユビキタスシステムのアーキテクチャ

（2）　**ユビキタスネットワークとアドホックネットワーク**　第 3 期科学技術基本計画（2006 年からの 5 年間）に向けた総務省の重点技術を**表 1.1** に示す。この表の中にもアドホックネットワークを新時代のネットワークの一つとして重点化することを表明している。

ユビキタスシステムを構成するユビキタスネットワークとしての無線ネットワークは，その通信距離に応じて，**図 1.13** と**表 1.2** に示すように，広域網（**無線 WAN**：wide area network，携帯電話網），数 km 四方をカバーする**無線 MAN**（metropolitan area network），従来有線では Ethernet に代表される **LAN**（local area network），あるいは構内網の適用領域であり，約 100 m 四方をカバーする**無線 LAN**，人間一人が自分の直接的な活動を示す範囲といわれる 10〜20 m 四方をカバーする**無線 PAN**（personal area network），さらにそれ以下の**短距離無線**に分けることができる。短距離無線の中で，人体の周囲数十 cm 以内の通信を行うネットワークを **BAN**（body area network）と呼ぶこともあり，2000 年ごろから研究が活発になり始めた。無線 WAN の携帯電話網以外では，無線によるマルチホップ通信の利用が可能である。

無線 PAN と短距離無線とは，通信距離だけでは分けにくい面があり，ここ

1.5 ユビキタスネットワークとの関連

表 1.1 第 3 期科学技術基本計画（2006 年からの 5 年間）に向けた総務省の UNS 戦略プログラム

UNS	テーマ	キーワード
Universal Communication	**ユビキタス**＆ユニバーサルタウン	・センサネットワーク，ロボット，情報家電で人に優しく
	スーパーコミュニケーション	・言語，知識，文化の壁を感じさせない
	高度コンテンツ創造流通	・誰でもが自在にコンテンツを創って発信
	超臨場感コミュニケーション	・世界初の立体・臨場感テレビコミュニケーション
New Generation Network	**ユビキタス**モビリティ	・モバイルを核にグローバルスーパーブロードバンド ・アドホックマルチホップネットワーク
	新世代ネットワークアーキテクチャ	・フォトニックネットワーク
	新 ICT パラダイム創出	・量子通信，ナノ ICT
Security and Safety	**ユビキタス**プラットフォーム	・ネット上で自在に認証，課金，流通
	セキュアネットワーク	・世界最強のネットワークライフライン
	センシング・**ユビキタス**時空基盤	・環境，災害に貢献する高精度な時空間測位

UNS：Ubiquitous Network Society

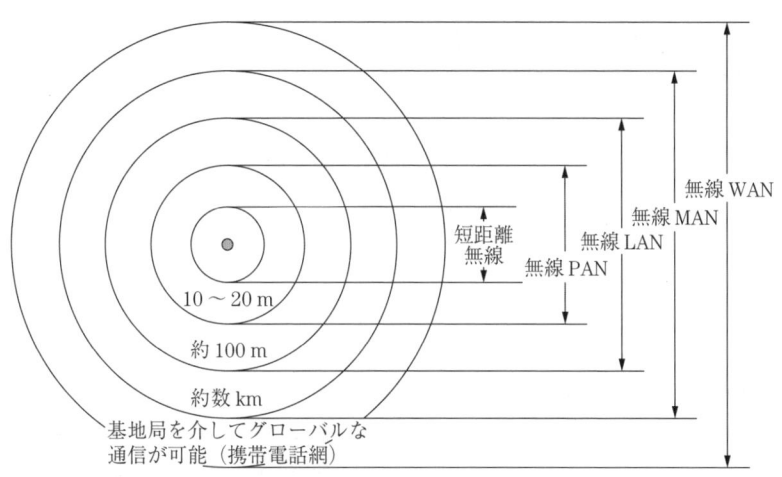

図 1.13 通信距離からみた無線ネットワーク

表 1.2 通信距離からみた無線ネットワーク

ネットワーク	標準化機関	例	備考	
短距離無線	・通信方式ごとに個別 (RF-ID, NFC は ISO, 特定小電力無線は ARIB)	・RF-ID ・DSRC ・NFC ・特定小電力無線, 微弱無線	・RF-ID (トレーサビリティ) ・DSRC (ITS) ・NFC (Suica, ICOCA, PASMO)	センサネットワーク
無線 PAN	・IEEE 802.15	・Bluetooth (IEEE 802.15.1) ・UWB (IEEE 802.15.3a/4a) ・ミリ波通信 (IEEE 802.15.3 c) ・ZigBee (IEEE 802.15.4)	・業界団体 Bluetooth SIG, WiMedia Alliance, UWB Forum, ZigBee Alliance ほか	アドホックネットワーク
無線 LAN	・IEEE 802.11	・製品化済 (IEEE 802.11b/a/g) ・次世代高速版 (IEEE 802.11n)	・業界団体 Wi-Fi Alliance	
無線 MAN	・IEEE 802.16 (BWA) ・IEEE 802.20 (MBWA, 高速移動体対応)	・固定 WiMAX (IEEE 802.16-2004) ・モバイル WiMAX (IEEE 802.16e) ・MBTDD-W, MBFDD ・iBurst 拡張 (625k-MC モード)	・業界団体 WiMAX Forum	
無線 WAN	・3 GPP, 3 GPP 2	・第 2 世代 (PDC, GSM 等) ・第 3 世代 (W-CDMA, cdma 2000) ・第 3.5 世代 (HSDPA, EV-DO Rev. A)	・現在は第 2 世代と第 3 世代が利用 ・2013 年ごろより第 4 世代?	

DSRC : dedicated short range communication
NFC : near field communication

では IEEE 802.15 委員会で標準化の議論が進展しているネットワークを無線 PAN, それ以外の数十 m 範囲内の通信が可能なネットワークを短距離無線と呼ぶ. 図 1.14 に, 有線を含めた LAN 全体の国際標準化機関である IEEE 802 委員会の構成と, その中での無線ネットワーク部分の位置付けを示す.

1.5 ユビキタスネットワークとの関連

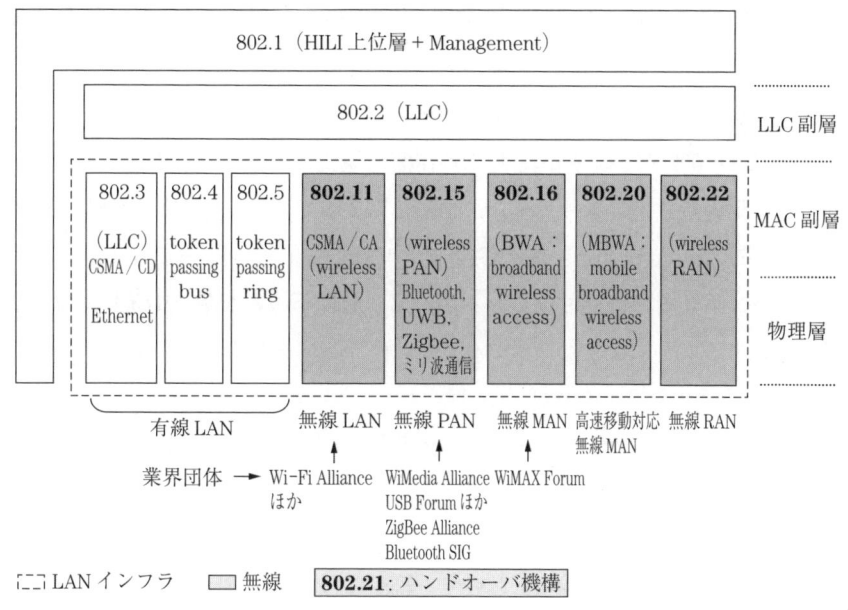

図1.14 IEEE 802委員会（1980年〜）の構成

アドホックネットワークの標準化については

① IETFのMANET WG, AUTOCONF WG　　端末の移動を想定したモバイルアドホックネットワークの第3層（ネットワーク層）を対象

② 無線PAN（IEEE 802.15.4のZigBeeとIEEE 802.15.5）　　端末固定を前提としたメッシュネットワークの第1層（物理層）と第2層（データリンク制御層またはMAC層）を対象

③ 無線LAN（IEEE 802.11s）　　当面端末固定を前提としたメッシュネットワークの第1層（物理層）と第2層（データリンク制御層またはMAC層）を対象

④ 無線MAN（IEEE 802.16j）　　同様に端末固定を前提としたメッシュネットワークの第1層（物理層）と第2層（データリンク制御層またはMAC層）を対象

において進められている．表1.2にも，アドホックネットワークの位置付け

を，短距離無線〜無線MANとしている．短距離無線については，特定小電力無線による実験ネットワーク例があるため含めている．

IEEE 802の中では，3.2.3項で述べるように無線LANメッシュネットワークIEEE 802.11sのみが，すでに詳細に規定されている．IEEE 802における標準化の特徴は，ルーティング制御を第2層で行う点である．**OSI**（open systems interconnection）基本参照モデルのプロトコル体系では，ルーティング機能は第3層に位置付けられるが，第2層以下のみを扱うIEEEでは第2層で規定することになり，レイヤバイオレーションを起こしている．

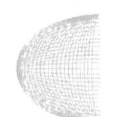 ## 1.6 アドホックネットワークの応用分野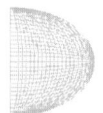

アドホックネットワークの研究は，もともと移動型を対象とした軍事研究に端を発しており，過酷な環境においても縦横に移動する兵士間での無線通信を可能にすることを目的とした．しかし，1990年代末以降活発になった研究では，戦場と類似した環境を想定した災害時におけるアドホックネットワークの利用が考えられるようになり，その後現在では，民間のビジネスへの展開が模索されている．固定型，移動型含めおもな応用分野として**表1.3**に示すような

表1.3 アドホックネットワークの応用

分 類	概 要
軍事利用	・戦場における兵士，戦車，戦艦，戦闘機間の通信
災害時の利用	・地震，津波，洪水，台風，竜巻が発生したときの警察や消防による捜索，救出，緊急通報，避難誘導，被害情報の収集・連絡，復旧活動支援．被災者どうしの安否確認
PANによる各種サービス	・商品倉庫管理，建設工事現場，農場などにおける物流管理，遠隔制御，栽培 ・ショッピングモール，テーマパーク，イベント会場，スタジアム等におけるP2P情報配信（広告配信・ナビゲーション等） ・端末（携帯電話，PDA，ノートPC，ウェアラブル端末）間通信
ITS （テレマティクス）	・車車間通信による事故発生や工事などにおける混雑状況や迂回路情報のリアルタイム通知，カーナビへの反映 ・路車間通信によるサービスエリアのサービス情報配信

P2P：Peer-to-Peer

1.6 アドホックネットワークの応用分野

実地試験の公開デモンストレーション

※会場（渋谷区B会議室）を「災害対策本部」とします。
※会場内プロジェクター画面を街中の大型ビジョンと見立てます。

1. 被災地内どこでも情報共有
街中の大型ビジョンや携帯端末及びバス停のディスプレイに地震速報やローカルな災害情報を連動表示させ、情報共有を図ります。

2. バス停を活用した帰宅誘導情報の提供
災害対策本部からバス停のディスプレイに災害情報やコマ地図情報を流し、バス路線に沿って安全な帰宅経路を案内します。

3. バス停を活用した被災情報の収集
バス停のライブカメラやスキャナーコミュニケーターで収集した映像・音声などの被災情報を災害対策本部にに伝送します。

4. 基地局なしでも携帯端末間で災害情報リレー
PDA、PHSハイブリッド携帯端末などの携帯電話などの携帯端末間で災害情報をリレーして災害対策本部まで伝送します。

5. VHF帯無線の利用によりビル陰からの通信
VHF帯移動端末をリレーすることにより、ビルの合間から災害情報のリレー伝送が可能となります。

図 1.15 大都市における災害時の帰宅困難者を対象とした無線アドホックネットワーク実証実験の概要（総務省）

24   1. アドホックネットワークとメッシュネットワークの概要

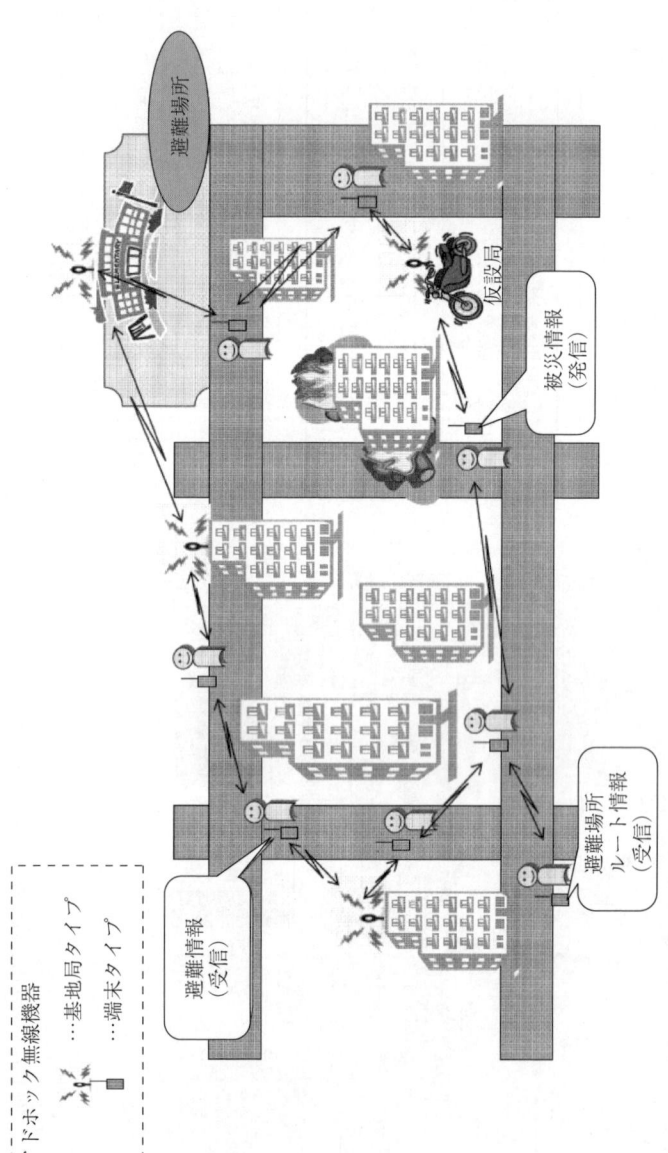

図 1.16 大都市における災害時の帰宅困難者を対象とした無線アドホックネットワーク実証実験のサービスイメージ（総務省）

アドホック無線ネットワークとは、携帯電話のような基地局を必要とせず、無線機器どうしがそれぞれ自律的に通信可能な相手方を自動選択してルートを確立し、情報をバケツリレー方式で運ぶネットワークを言います。
基地局の状況に左右されることなく一時的なネットワーク構築が容易に行えるため、災害地等での活用が期待されています。

各種の応用が想定されている。

2006年12月16日には，大都市における災害時の帰宅困難者を対象としたアドホックネットワークの実証実験が，約30社の通信事業者や通信・コンピュータ機器ベンダの参加を得て，総務省関東総合通信局により東京都渋谷で実施された（「首都圏直下地震発生時の帰宅困難者等の避難誘導に資するアドホック無線システムの構築に関する調査検討会」，http://www.kanto-bt.go.jp/if/press/p 18/p 1811/p 181114.html（2007年8月現在））。参考までに，**図 1.15**と**図1.16**に，実験のシステム構成，実証機能を示す。実験では，無線LANメッシュネットワークによる固定型のアドホックネットワーク（アクセスポイントをバス停や信号機に配置）と，利用者が携帯する端末を中継ノードとする移動型（モバイル）アドホックネットワークの双方が連携する形で，災害時における被災状況の発信，被災者の避難誘導や安否確認などの通信を行った。

なお，無線メッシュネットワーク（IEEE 802.11s，3.2.3項参照）では，当面の固定型のアドホックネットワークの適用の場として，屋内のオフィスネットワーク，ホーム（情報家電）ネットワーク，屋外の公衆アクセス/キャンパスネットワークを挙げている。将来は，移動型のアドホックネットワーク（移動端末もアドホックネットワークを構成）としての利用を想定している。

1.7 アドホックネットワーク製品の現状

アドホックネットワークは，欧米では無線LANの通信距離を拡張する形で一部実用化され，**表1.4**に示すような各種の製品が市場に投入されている。しかしこれらの大部分は，単体の無線ネットワークとして利用実績が多い無線LANを用い，据置きのアクセスポイント間のみで固定型アドホックネットワークすなわちメッシュネットワークを構成する。表に示した各製品では，ルーティングプロトコルを含め，おのおの独自の仕様となっている。

2006年末現在の無線LANについては，**表3.2**に示すようにマルチホップ

表1.4 既存のアドホックネットワーク製品の例

提供社	ネットワーク名	開発年	概要
Mesh Networks（米）（2005年にモトローラが吸収，国内では伊藤忠商事）	MEA (Mesh Enabling Architecture)（旧 MeshLAN）	2002年	・IEEE 802.11 ベース，2.4 GHz 帯の QDMA と呼ぶ独自方式 ・軍事，高速で走行する自動車への路車間・車車間ストリーミング・超高速ローミング，既存の第2・第3世代携帯電話網の補完ネットワーク等の応用を想定
Greenpacket（米）	SONBuddy	2002年	・P2P のマルチホップ対応 ・IPsec，ファイアウォール，VPN などのセキュリティ機能を強化
Detecon（独）（日本では三菱商事）	Moteran	2002年	・P2P のマルチホップ対応 ・ホットスポット，緊急時の代替ネットワーク，ITS などの応用を想定
Nortel（米）	・Wireless Access Point 7220/7215 ・Wireless Gateway 7250	2005年	・製品の総称：Nortel Wireless Mesh Network ・筑波大学，世界最大規模の台北市のインフラとして実績
PacketHop Inc.（米）（開発は SRI International）	PacketHop	2003年	・SRI International が MANET に提案した TBRPF プロトコルの商用スタック ・アクセスポイントが設置されていない地域でも通信を利用しやすくする
Tropos Networks（米）（日本では日商岩井）	・Tropos 5210 ・MetroMesh router	2004年	・IEEE 802.11b/g ベース，PWRP (predictive wireless routing protocol) と呼ぶ独自方式 ・障害時の自動修復機能が特徴
Strix（米）	・Strix's Access/One ・Strix OWS 2400-10	2003年	・マルチラジオモジュールでマルチホップによる帯域減少を起こさない ・self-configuration, self-healing, self-discovery が特徴
スカイリーネットワークス（日）	・DECENTRA	2002年	モバイル端末によるアドホックネットワークを指向 ・DECENTRA は，IEEE 802.11b/a/g ベースで性能重視，SDK を企業・大学・研究機関に提供。車両の遠隔操作，山間部のテレメタリング，監視カメラ，消防や防災向けの VoIP・ストリーミング，車車間通信などの応用を想定
	・MicroDECENTRA	2004年	・MicroDECENTRA は，ZigBee と同様のサーバ，ルータ，エンドデバイスの3種類の階層化されたノードを用意，マルチホップ環境下で TDMA 方式を導入，小型化省電力を重視，2.4 GHz 帯の専用無線デバイスを用意
シンクチューブ（日）	MeshCruzer/MeshVista	2003年	モバイル端末によるアドホックネットワークを指向 ・MANET の AODV の商用スタック (MeshCruzer) とアドホックネットワーク管理システム (MeshVista)
日本システムウェア（日）	NSW アドホック	2005年	モバイル端末によるアドホックネットワークを指向 ・UDP でもパケットロス率を実現。ルーティングは OLSR を使用

ではない単体ネットワークに関する標準化が IEEE 802.11 においてほぼ終了し，残された主要課題は，次世代超高速無線 LAN の IEEE 802.11n と無線メッシュネットワークの IEEE 802.11s のみといってよい．今後無線 PAN，無線 MAN においてもまず単体ネットワークの普及を経て，アドホックネットワークとしての利用が始まると思われる．

1.8 制御方式の評価と電力消費

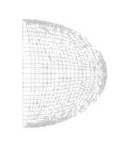

1.8.1 制御方式の評価

2 章で述べるルーティングアルゴリズムなどのアドホックネットワークの各種制御方式は，有線ネットワークと同様の通信品質（QoS：Quality of Service）に関する伝送遅延，ジッタ（伝送遅延のばらつき）などのほかに，**データ配信率**と制御パケット数で評価されることが多い．データ配信率については，一般ネットワークにおける（1−**パケット損失率**）にほぼ対応するが，ノードの移動や電池切れによるネットワークからの消滅等によってトポロジーの変化が想定されるアドホックネットワークでは，重要な指標となる．制御パケット数については，センサや携帯電話が中継ノードになりうるアドホックネットワークでは，ノードの消費電力がネットワークとしての寿命に直接影響を与えるために重要となる．例えば，ZigBee センサネットワークの現状の製品では，10 m の通信に mW オーダの電力が各ノードで消費され，通信量の削減は大きな課題になっている．

これまでに，データ配信率と制御パケット数によるアルゴリズムの評価については，シミュレーション結果を中心にプロトコル間の比較に関する多くの研究報告がなされている．**AODV**，**OLSR** はじめ多くのプロトコルに対して，データ配信率を高めたり，制御パケット数を削減したりするための改善方式を提案する論文が，現在もなお数多く発表されている．

図 1.17 に，アドホックネットワークの具体的な利用形態としての，センサ，携帯電話，ITS，メッシュネットワークに関して，ネットワークに対する移動

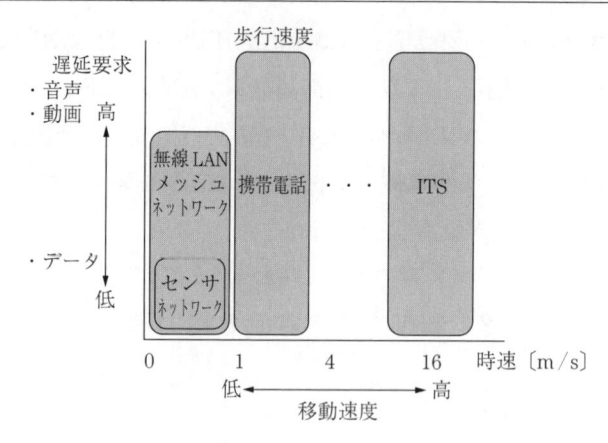

図 1.17 アドホックネットワークにおける移動速度と遅延への要求の関係

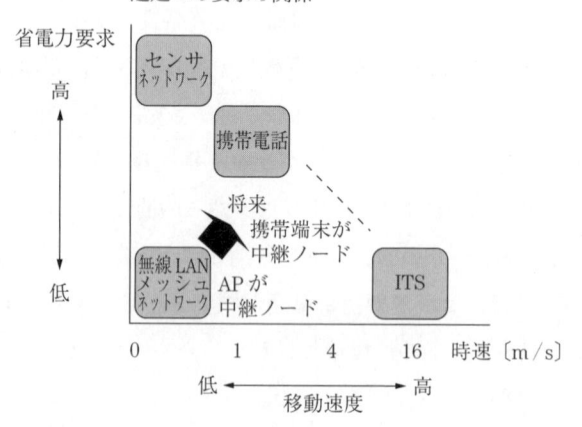

図 1.18 アドホックネットワークにおける移動速度と省電力への要求の関係

速度と**遅延**への要求の関係を示す．**図 1.18** に，同じくネットワークに対する移動速度と省電力への要求の関係を示す．無線 LAN メッシュネットワークについては，当面はアクセスポイント（電源供給されている場合が多い）間のマルチホップを想定しているが，将来は携帯端末も中継ノードとなりうるため，省電力がより重要となる．

1.8.2 通信距離と送信出力

無線通信の特性として，通信距離と送信出力の間には

$$送信出力 \propto (通信距離)^n \quad (2 \leq n \leq 5)$$

の関係があることが知られている。**ZigBee センサネットワーク**においては，廊下のような一次元的な空間では $n=1.8〜2.5$，会議室のような二次元的な空間では $n=2.3〜3.2$ 程度との報告もある。このように通信距離の短縮化は，消費電力を抑制するという効果が期待できる。しかし，逆に通信距離の短縮化は，中継ホップ数の増加とそれに伴う通信回数の増加を招くことが考えられる。これらのトレードオフを考慮したルーティング方式の解析も重要となる。

1.9 今後の展開

本章では，アドホックネットワークについて，これまでの研究，IETF におけるネットワーク層技術の標準化動向，さらに MAC 層でのアドホック（無線マルチホップ）ネットワークの実現技術として，標準化の議論が進展している IEEE 802.11s における無線 LAN メッシュネットワークに関する状況，研究内容について述べた。

今後，アドホックネットワークのルーティングプロトコルの標準化，アドホック通信用ノードの研究開発が進展し，これと並行して新しいサービスや **P2P** アプリケーションなどの実用化進展が期待される。実用化にあたっては，無線 LAN メッシュネットワーク上での有効性評価，導入が開始された ZigBee などのセンサネットワークへの適用，大規模なテストベッドを用いた有効性の実証などを推進することが重要となる。IEEE 802.11s の主要課題になっているチャネル割当て，ルーティング，**QoS 制御**，セキュリティに加え，センサネットワーク特有といえる高精度な**測位**と**位置情報**の管理，**時刻同期**，様々な規格の ID とネットワークアドレスの関連付けなどの問題を解決することが期待される。

アドホックネットワークの実用化については，まず **ITS** すなわち自動車対

応（**VANET** など）で，車車間の通信で事故や工事による道路の混雑状況の高精度でリアルタイムな情報伝達，カーナビゲーションへの反映などに応用され，その後災害時における通信や上記の各種サービスが始まり，民間での商用ビジネスが展開されると思われる。

今後の実用化，応用化に向けた課題と対策として，以下を挙げることができる。

① 従来のネットワークはネットワーク事業者が構築・運用するものであったが，アドホックネットワークはユーザ自身が構築・運用する使い方が中心であり，管理の複雑さが課題となる。この課題に対し，運用の自動化あるいは簡易化の方式を確立する。

② ネットワーク事業者が運用する場合は，アドホックネットワークの特徴に基づく **SLA**（service level agreement）とビジネスモデルを構築する。

③ アドホックネットワークではネットワークの分割などが起こるため信頼性の点で使いにくいとの意見もある。

　災害時などに携帯電話を持った多くの被災者が避難場所に殺到するような場合には，ノードの密度が高く短距離間の通信が同時に多数発生する。一定以上のノード密度，通信発生頻度になると干渉などにより**パケット損失率**が著しく増大し，正常な通信がほとんどできなくなるという報告もある。このような環境でも，**コグニティブ無線**などの技術や干渉などを駆使し，パケット到達率を高めるような通信制御方式が重要となる。

　一方，たまたま近くにあるノードどうしが通信できることにより様々なサービス実現が考えられる。そのようなアドホックネットワークの特徴を生かしたアプリケーション開発を進めることも重要となる。

④ セキュリティの課題に対し，制御メッセージの認証技術の確立などにより，単体の無線 LAN と同程度のセキュリティ（例えば IEEE 802.11i や IEEE 802.1x）強度を確保する。しかし，例えば，他人の携帯端末を中継用に利用する場合が考えられる。中継時には何らかの形で端末の通信部分の制御を行うため，悪意がある場合は端末内に不正アクセスを試みること

も考えられる．さらに，端末の電力も消費する．P2P通信の問題と共通するが，モバイルアドホックネットワークにおいても，セキュリティを確保したうえでさらに，他人の通信のために自分の携帯端末が中継用に使われるということへの社会的認知が必要となる．

⑤ 携帯端末をアドホックネットワークにおける中継ノードとして使用する場合，電池切れ等によるネットワークの分割頻度が高まるという課題がある．アドホックネットワークでは，エンドツウエンドの経路を発見するために制御パケットをフラッディング（制御パケットを受信したノードが次々に隣接ノード群にブロードキャスト）する必要があり，最大5ホップ程度の小規模なネットワークでも，一つのエンドツウエンドの経路を発見するのに数百オーダの制御パケットが通信される．さらに，端末の移動が激しい場合は，経路の切断が頻繁に発生するため再経路構築のためのフラッディングの頻度が高くなり，各端末の電力が大量に消費される．この課題に対し，大容量・軽量なバッテリや，低消費電力のルーティングプロトコル，MACプロトコルを開発する．

2 MANETの ルーティングプロトコル

2.1 プロアクティブ型とリアクティブ型[1]

　ルーティングはネットワークにおいてパケットを生成したノード(始点)からそのパケットの宛先ノード(終点)へパケットを配送する仕組みである。インターネットでは，一つの**ルーティングプロトコル**によりパケット配送を行うネットワークの単位を **AS**(autonomous system)という。各 AS で利用されるルーティングプロトコルとして **RIP**(routing information protocol)，**OSPF**(open shortest path first) などのルーティングプロトコルが知られている。

　経路を算出する方法として，ベクトル距離型とリンク状態型がある。ベクトル距離型では，各ノードは自身が保持している経路表の情報（終点のアドレスとそこまでの最小ホップ数のリスト）を定期的に隣接ノードに送る。各ノードはこの情報を基に終点への最短経路を **Bellman-Ford** アルゴリズムを用いて計算し，自身の経路表を作成する。リンク状態型では，各ノードは自身のリンク状態（隣接ノード）に変化が生じるとその情報を隣接ノードへ伝え，それを受信したノードは送信元以外のすべての隣接ノードへ伝える。これを繰り返し AS 内のすべてのノードへ情報が伝わる。このような情報伝搬手法はフラッディングと呼ばれる。各ノードはこの情報に基づき，AS 内のネットワーク全体のノードとノード間の接続状態（リンク），いわばネットワークの地図を得ることができ，**Dijkstra** アルゴリズムを用いて各終点までの最短経路を計算し，自身の経路表を作成する。RIP はベクトル距離型であり Bellman-Ford

アルゴリズム，OSPF はリンク状態型であり Dijkstra アルゴリズムが使用される。これらのルーティングプロトコルをそのまま MANET で利用することは可能であるが，ノード移動によるリンク接続状態の急激・頻繁な変化への対応，無線帯域の効率利用などが課題となる。そこで，MANET の特性を考慮したルーティングプロトコルの最適化が必要になる。

　MANET のルーティングプロトコルは経路情報の生成タイミングの観点から大きくプロアクティブ型とリアクティブ型とに分類される。プロアクティブ型は前述のインターネットのルーティングプロトコルをベースとして MANET への最適化を行う観点から開発されたもので，ノード間で周期的な制御メッセージの交換を行うことにより，各ノードがすべての終点への経路情報を常時保持する。プロアクティブ型のルーティングプロトコルでは周期的に制御メッセージが生じるため制御オーバヘッドが比較的多くなるが，それを削減する工夫がなされている。一方，リアクティブ型では，各ノードは通信要求が生じたときに経路情報を獲得・保持する。このため，通信トラヒックが少ないときには制御メッセージのオーバヘッドが比較的少ない方式である。リアクティブ型は MANET に特有の新たなルーティングの型といえる。

　以下ではプロアクティブ型ルーティングプロトコルの代表例としてリンク状態ルーティングプロトコルである OLSR[2]，リアクティブ型ルーティングプロトコルの代表例として AODV[3]を取り上げ，その基本動作を説明する。

2.2　OLSR の基本機能と動作

2.2.1　隣接ノードの発見

　一般に，各ノードは複数の無線トランシーバと対応する MANET インタフェースを持つことが可能であるが，簡単のため，ここでは各ノードは一つの MANET インタフェースを持ち，このインタフェースに与えられた IP アドレスをこのノードのアドレスとする。各ノードは周期的に**ハローメッセージ**を**ブロードキャスト**する。ハローメッセージ送信間隔のデフォルト値は 2 秒であ

る[2])。ハローメッセージには自身のアドレス，シーケンス番号，隣接ノードのアドレスなどの情報が入っている。このため，ハローメッセージを受信したノードは隣接ノードのアドレスのみならず，隣接ノードの隣接ノード，すなわち2ホップ先のノード（2ホップ隣接ノード）のアドレスを得ることができる。また，受信したハローメッセージの隣接ノード・アドレスの中に自身のアドレスが含まれていれば，自身が送出したハローメッセージを隣接ノードが受信したことが確認できる。これは自身と隣接ノード間で双方向にハローメッセージの送受が可能ということであり，このようなリンクを対称リンクと呼ぶ。自身のアドレスが含まれていなければそのリンクは非対称リンクの状態と認識される。このようなリンクの状態もハローメッセージに含めて送られる。

図2.1ではノードAのハローメッセージをノードBが受信し，ノードCでは受信失敗となっている。その後，ノードBからのハローメッセージがノードAとCによって受信され，その中にノードAのアドレスが含まれていることを検知することにより，ノードAはAB間のリンクを対称リンクと認識する。また，ノードCはノードAを2ホップ隣接ノードと認識する。さらにその後，Cから送信されたハローメッセージがノードAで受信されると，その中にはノードAのアドレスが含まれていないため，ノードAはAC間のリンクを非対称リンクと認識する。

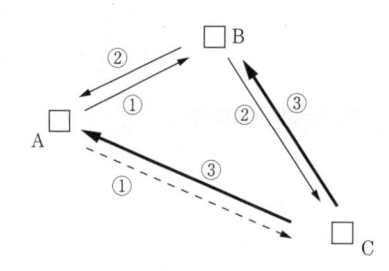

図2.1 ハローメッセージの送受とリンク状態の認識

2.2.2 MPR 選 択

OLSRはリンク状態ルーティングプロトコルであり，2.1節に述べたように各ノードが自身の隣接ノードの情報を他のノードへ通知するためフラッディン

グと呼ばれるプロトコルを用いるのが基本となる．フラッディングプロトコルではメッセージの生成元がメッセージをブロードキャストする．それを受信したノードはブロードキャスト（再ブロードキャスト）を繰り返す．これによってすべてのノードにメッセージを届けることを試みる．この過程で同じメッセージを重複して受け取った場合には再ブロードキャストを行わず，そのメッセージを廃棄する．フラッディングプロトコルはシンプルであるが，メッセージのブロードキャスト回数が多く，無線帯域利用の点で効率的とはいえない．OLSR では各ノードが周期的にハローメッセージを交換し，**MPR**（multi-point relay）と呼ばれるノードを選択することにより，制御オーバヘッドの削減を図る．

2.2.1 項に述べたように，各ノードは受信したハローメッセージに基づき，自身の隣接ノードと 2 ホップ隣接ノードのアドレスを知る．ここで，隣接ノードは自身と対称リンクを持つもの，2 ホップ隣接ノードは中間の隣接ノードと対称リンクを持つものに限る．OLSR では各ノードはこれらの情報に基づき，隣接ノードの中から必要最小限の MPR を選択する．このとき，選択したノードを **MPR セレクタ** と呼ぶ．あるノードにおける MPR の選択はこのノードがブロードキャストしたパケットをこのノードのすべての MPR が再ブロードキャストを行った場合，すべての 2 ホップ隣接ノードにメッセージが届くことを条件として行う．この問題は NP 完全であり，厳密解を求めることは計算量的に困難であるが，発見的手法が使われている．また，この際，WILLINGNESS（自身が MPR として選択される許容度）というパラメータを導入して，MPR 選択の優先度を考慮できるものとしている．

図 2.2 にはフラッディングプロトコルにおけるパケット転送の様子を示す．中心のノードがパケットをブロードキャストし，それをすべての隣接ノードが再ブロードキャストする．これによって，すべての 2 ホップ隣接ノードにパケットが到達するが，一つの 2 ホップ隣接ノードが同じパケットを重複して受け取る場合があることがわかる．図 2.3 では中心のノードが 4 個の MPR を選択している．選択された MPR がパケットの再ブロードキャストを行うことに

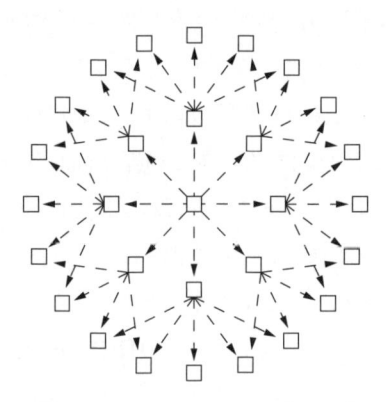

図 2.2　パケットのフラッディング

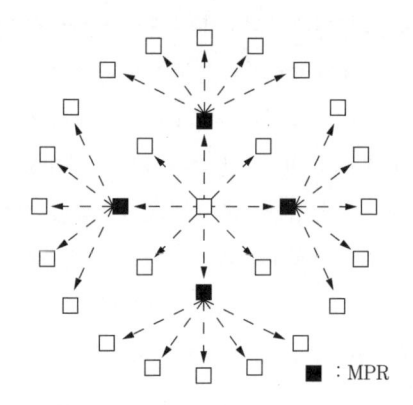

図 2.3　マルチポイントリレー (MPR) の選択と MPR フラッディング

■：MPR

より，すべての 2 ホップ隣接ノードにパケットが到達する。この例の場合，どの 2 ホップ隣接ノードでもパケットの重複受信は発生していない。このように，フラッディングプロトコルとは異なり，隣接ノードのうち MPR として選ばれたノードのみが再ブロードキャストを行うため，ブロードキャストの総数を減少させ，同じパケットの重複受信を減少させることができる。このようなパケット配送の方法を MPR フラッディングと呼ぶ。

各ノードは自身の MPR を選択すると，その情報をハローメッセージに載せて隣接ノードへ通知する。これを受信した各ノードは自身の MPR セレクタを認識できる。これにより自身の MPR セレクタからブロードキャストされたパケットを受信した場合のみ再ブロードキャストを行うことが可能になる。

2.2.3　トポロジー情報の配送

OLSR では，トポロジー情報は **TC**（topology control）メッセージによって運ばれる。TC メッセージを生成するのは **MPR** のみである。各 MPR は周期的に TC メッセージを生成し，**MPR フラッディング**により MANET 全体に配送する。TC メッセージ送信間隔のデフォルト値は 5 秒である[2]。TC メッセージには自身のアドレス，シーケンス番号，自身の **MPR セレクタ**の

2.2 OLSRの基本機能と動作

アドレスなどの情報が入っている．このようにOLSRではつぎの工夫がなされていることがわかる．

① すべてのノードがTCメッセージの生成元になるのではなく，MPRのみが生成元となるため，TCメッセージの生成数が削減される．
② TCメッセージにすべての隣接ノードの情報を入れるのではなく，MPRセレクタの情報のみを入れるため，メッセージサイズが削減される．
③ TCメッセージは単純なフラッディングではなく**MPRフラッディング**されるため，TCメッセージの再ブロードキャストの総数が削減される．

図2.4では黒塗りの四角で表されたノードがMPRになっており，MPRとMPRセレクタ間のリンクを実線で表している．各MPRは実線で示される自身のMPRセレクタとの間のリンクの情報（部分トポロジー情報）のみをTCメッセージに載せて周知する．破線で表されるリンクの情報は周知されない．

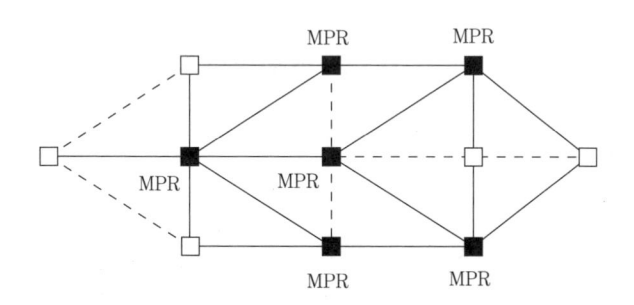

図2.4 部分トポロジー情報の周知

2.2.4 経路計算

各ノードは**ハローメッセージ**，TCメッセージの交換に基づき，ローカルリンク情報ベース（リンクセット），近隣情報ベース（隣接ノードセット，2ホップ隣接ノードセット，**MPRセット**，MPRセレクタセット），トポロジー情報ベース（トポロジーセット）を生成・維持する．また，一つのノードが複数のネットワークインタフェースを有する場合に，インタフェースの一つをメインアドレスとし，他のインタフェースのアドレスと関連付けるため，複数イ

ンタフェースアソシエーション情報ベースを生成・維持する。

各ノードはローカルリンク情報ベース，近隣情報ベース，トポロジー情報ベース，複数インタフェースアソシエーション情報ベースの情報に基づき，それらの内容が変化したとき各ノードへの経路（ホップ数に基づく最短経路）を **Dijkstra** のアルゴリズムと同種のアルゴリズムにより計算し，経路表を更新する。具体的には，経路表の各終点に対し，最短経路を計算し，パケットのつぎの送り先（次ホップ）を求め，経路表の経路エントリを生成する。まず，2ホップ先のノードへの経路はローカルリンク情報ベース，近隣情報ベースの情報を基に計算することができる。つぎに $n-1$ ホップ先までの経路を計算済みの場合，トポロジー情報ベースの情報に基づき，n ホップ先のノードへの経路を計算可能である。また，複数インタフェースアソシエーション情報ベースの情報に基づき，複数インタフェースを持つノードへの経路計算も可能になる。

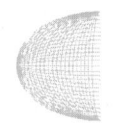

2.3　AODV の基本機能と動作

2.3.1　経 路 発 見

AODV における経路エントリは，終点ノード，次ホップ IP アドレス，終点シーケンス番号，終点までのホップ数などの情報で構成される。ノードは，アプリケーションからデータパケットを受信し終点への経路エントリを持たないとき，データパケットをバッファにためておき，経路発見の処理を開始する。具体的には，経路要求（**RREQ**：route request）メッセージ（以下，RREQ）をブロードキャストする[†]。RREQ の生成元アドレスには自身の IP アドレス，終点アドレスには終点の IP アドレスを入れる。RREQ メッセージを初めて受信したノードは生成元への経路エントリ（これを逆方向経路と呼ぶ）を生成するとともに，RREQ の再ブロードキャストを行う。これにより，RREQ は終点ノードへ到達することになる。

[†] RREQ を格納する IP パケットのヘッダの終点アドレスをブロードキャストアドレスとする。

2.3 AODV の基本機能と動作

　RREQ を受信した終点ノードは逆方向経路の次ホップへ経路応答（**RREP**：route reply）メッセージ（以下，RREP）をユニキャストする†。このとき，RREQ の生成元 IP アドレス，終点 IP アドレスを RREP の対応するフィールドにコピーする。RREP を受信したノードは終点への経路エントリ（これを順方向経路と呼ぶ）を生成するとともに，保持している逆方向経路の次ホップへ RREP をユニキャストする。このとき，RREP の送り先隣接ノードを順方向経路のエントリに対応するプリコーサリストに入れる。すなわち，プリコーサリストとは，各経路エントリ（終点ノード）に関して，自身を次ホップとする上流隣接ノード（プリコーサ）のリストである。この使い道は 2.3.3 項に述べる。これにより RREP は RREQ の配送パスを逆に辿り，RREQ の生成元に到達し，終点への経路が確立する。その後，バッファ内のパケットの送信を開始する。上記では，終点が RREP を生成する場合を述べたが，終点以外のノードが終点への経路エントリを持つ場合，そのノードが RREP を返送するモードも用意されている。以上の経路発見プロセスにおいて，各ノードに生成された経路エントリには有効期限が設定され，経路が利用されるつど，有効期限が更新される。有効期限が過ぎたものは無効となるが一定時間保持される。無効化された経路エントリの情報の利用方法は後述する。

　始点ノードが RREQ を送信する際，RREQ が不必要に MANET 内に拡散するのを防止するため，拡大リング探索と呼ばれる方法がある。RREQ の拡散範囲の制御には RREQ を運ぶ IP ヘッダの **TTL**（time-to-live）が利用される。1 回目の RREQ では始点ノード周辺の限られた範囲に拡散するように TTL の値を選択しておき，一定時間内に RREP が得られない場合には，TTL を一定値増加させ，RREQ を再送する。これを数回繰り返し，TTL が一定値以上になっても RREP が得られなければ，最後は MANET 全体に拡散するように TTL のデフォルト最大値を設定する。終点に関する無効化された経路エントリが残っている場合には，そのホップ数情報に基づいて，1 回目

---

† RREP を格納する IP パケットの終点アドレスを逆方向経路の次ホップのアドレスとする。

のRREQのTTLを決めることができる。

2.3.2 シーケンス番号

　プロアクティブ型のリンク状態ルーティングプロトコルではネットワーク全体のトポロジー情報に基づいて各終点への経路計算を行うので，原理的には経路ループの可能性は少ないといえる。一方，リアクティブ型のルーティングプロトコルでは，オンデマンドで経路発見が行われるため，各ノードでの生成時点の異なる経路が組み合わさって経路ループが生じる可能性がある。これを防止するためには古い経路情報を識別・削除し，各ノードにおいて最新の経路情報を維持する仕組みが必要になる。このため，AODVでは各ノードのIPアドレスに対してシーケンス番号を保持しており，必要時に値を増加する。RREQの終点アドレスと生成元アドレス，RREPの終点アドレスにはそれぞれのシーケンス番号を載せるフィールドがある。また，各ノードの経路エントリには終点のIPアドレスごとに，そのノードが把握している終点のシーケンス番号を持たせており，これを終点シーケンス番号と呼ぶ。

　各ノードはRREQを送出する直前，自身のシーケンス番号を増加させる。これを受け取ったノードは逆方向経路をすでに持っている場合，その終点シーケンス番号よりRREQに含まれるシーケンス番号のほうが大きいため，経路エントリの更新を行う。これにより逆経路を最新の状態に維持することができる。また，自分宛のRREQを受け取り，RREPを返す直前，そこに含まれる終点シーケンス番号の値が自身のシーケンス番号より大きいときはRREQの中のシーケンス番号に一致させる。これは下記に述べるように，MANET内で自身への経路障害が発生し，より新鮮な経路生成が必要になっているためである。

　各ノードは経路の次ホップへのリンク断を検出した場合（2.3.4項参照），このリンクを使用する終点をリストアップし，これらの終点シーケンス番号を増加するとともに，経路を無効化する。このとき経路エラー（**RERR**：route error）メッセージ（以下，RERR）を生成する。RERRにはこれらの終点IPアドレスとシーケンス番号が含められるので，RERRを受け取ったノードは

終点シーケンス番号を更新し，該当経路エントリを無効化する（詳しくは2.3.3項に述べる）。2.3.1項に述べたように，経路エントリは無効となっても一定時間は保持され終点シーケンス番号の参照が可能である。これらのノードに新たにRREQを生成する場合にはその終点シーケンス番号をRREQに設定することにより，より新鮮な経路の獲得に役立てる。

2.3.3 経路保持

RREQ，RREPには**ホップカウント**というフィールドがある。それぞれ，RREQ生成元，終点で0に設定され，それらを受け取った中間のノードではホップカウントの値を一つ増やして転送するので，それぞれ，RREQ生成元，終点からのホップ数を表す。ノードがルーティングメッセージ（RREQまたはRREP）を受信し，それらの生成元への経路エントリをすでに持っている場合，ルーティングメッセージのシーケンス番号が経路エントリのシーケンス番号より大きければ経路エントリの更新を行う。シーケンス番号が同じ場合には，メッセージ内のホップカウント＋1（自身から隣接ノードへの1ホップ分を加えている）が経路エントリのシーケンス番号より小さいとき経路更新を行う。

2.3.1項に述べたように，各ノードに生成された経路エントリには有効期限が設定される。経路が使用されるとその経路の始点，終点への経路エントリ，終点へのパス上の次ホップへの経路エントリの有効期限が更新される。具体的には有効期限を現在時刻＋有効経路タイムアウト時間に設定する。始点・終点間のパスの対称性を想定し，始点への逆方向パス上の次ホップへの経路エントリの有効期限も更新される。有効期限が過ぎた場合にはその経路エントリを無効化する。次ホップへのパケット配送ができない場合にはRERRをこの経路を使用する上流ノードへ通知する必要がある。RERRには該当する次ホップを経路とする到達不能になった終点のIPアドレスを含める。RERRはブロードキャストするか，プリコーサリストに含まれるノードへユニキャストする。

RERRを生成するのは以下の場合である。

① 次ホップへのリンク断を検出（2.3.4項参照）

② 終点への有効経路がなし

③ 有効経路に関するRERRを受信

このとき，到達不能の終点に対する経路エントリにおいて，①，②の場合にはシーケンス番号を増加し，③の場合は受信したRERRの値をコピーする。その後，これらの経路エントリを無効化する。

なお，①の場合において終点が経路エントリにおいて一定ホップ数以内である場合，リンク断を検出したノードがRREQを生成し，経路の修復を試みるモードがある。これはローカル経路修復と呼ばれる[1]。これが成功した場合にはRERRの生成は必要ない。

2.3.4 リンク断の検出

リンク断の検出にはつぎの方法が考えられる。

（1） ハローメッセージ　ノードが有効な経路上にある場合，周期的にハローメッセージを送出する。隣接ノードからのハローメッセージが一定回数届かないとき，リンク断と判定する。

（2） リンク層からの通知　リンク層においてリンク断の検出が可能である場合，その情報をネットワーク層で利用可能とする。例えばIEEE 802.11では**RTS**送信後の**CTS**タイムアウト，データ送信後の**ACK**タイムアウトによりリンク断が検出できる。

（3） 受動的確認応答　ノードがデータパケット転送後，相手先のノードがさらにそのパケットを転送するかどうかを監視する。その転送を感知できない場合，または相手ノードが終点（転送は行わない）の場合，つぎのいずれかの方法でリンク検出ができなければリンク断と判定する。

① 次ホップからのパケット受信

② 次ホップへのRREQ送信

③ 次ホップへのICMPエコー要求

2.3.5 片方向リンクへの対応

片方向リンクを含むパスを経由して運ばれた RREQ に対して，終点が RREP を返した場合を考える。この片方向リンクの上流側のノードを a，下流側のノードを b とする。ノード b は RREP を受信するとノード a への転送を試みる。しかしこのリンクは片方向リンクであるため，RREP の転送は失敗する。この結果，RREP は RREQ の生成元まで届かず，経路発見は失敗する。RREQ 生成元のノードはタイムアウトにより経路発見の失敗を認識し RREQ の再送を行うが，ふたたび，同様の失敗を繰り返す可能性がある。MANET 内に片方向リンクを含まないパスがあったとしてもそのパスが発見されない可能性がある。このような問題に対応するため，ノード b では RREP の転送に失敗すると，ノード a をブラックリストに一定時間登録する。そして，ブラックリストに登録されたノードからの RREQ を受信しても廃棄し，再ブロードキャストを行わないことにする。これによって，片方向リンクを経由して終点に達する RREQ を防止することができる。その結果，双方向リンクのみを経由して終点に到達した RREQ に対して RREP が応答されることにより，双方向リンクのみからなる経路が確立する。

このためには RREP の転送失敗の検出が必要である。IEEE 802.11 のように，リンク層における確認応答が可能である場合，その情報をネットワーク層で利用可能にする方法がある。別の方法としてネットワーク層で RREP に対する確認応答を行う方法がある。これらの確認応答がタイムアウトになると RREP の転送失敗と判定する。

2.4 位置情報利用型ルーティングとジオキャスト

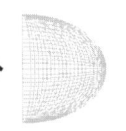

2.4.1 位置情報利用型ルーティングの概要[4]

これまでに述べた MANET のルーティングプロトコルは**トポロジー利用型**と呼ばれる。2.1 節に述べたようにトポロジー利用型はさらに**プロアクティブ型**と**リアクティブ型**に分類される。どちらの方式もフラッディングプロトコル

などにより制御メッセージの MANET 全体への配信が必要であり，ノードの数が数百以上になると制御メッセージの負荷のためパケット配送性能が低下するというスケーラビリティの問題がある。そこで MANET 向きの新たなルーティング手法として位置情報利用型が提案されている。

位置情報利用型では，各ノードは **GPS** やその他の方法で自身の位置情報を認識できることを前提とする。始点ノードはロケーションサービスを用いて終点ノードのアドレスから位置情報を求め，パケットのヘッダに終点アドレスに加えて位置情報を設定する。そして，終点の位置情報に対して，ローカルな位置情報（自身と隣接ノードの位置情報など）だけを利用してパケット配送を行う。最も単純なロケーションサービスは，終点の IP アドレスを含む位置問合せメッセージをフラッディングプロトコルなどを用いて MANET 全体にブロードキャストし，終点が位置情報を応答する方法である。しかし，この方法はフラッディングオーバヘッドが大きいので，これを削減するため数多くのロケーションサービス方式が提案されている。

位置情報利用型はトポロジー利用型に内在するスケーラビリティの問題を緩和する可能性がある。特に自動車では GPS やこれを利用するカーナビゲーションシステムが標準装備化される動向にあり，車車間通信用の MANET（**VANET**：vehicular ad hoc network）の環境では有望なアプローチと考えられる。

位置情報利用型のルーティング方式は**次ホップ転送方式**と**指向型フラッディング方式**の二つのアプローチに分類される。前者は**トポロジー利用型**で通常利用される方式であり，位置情報利用型での利用も考えられる。次ホップ転送方式は一つの終点にパケットを配送する場合（ユニキャスト）だけでなく，2.4.5項に述べる**ジオキャスト**での利用も考えられる。指向型フラッディング方式は位置情報利用型特有の方式であり，ユニキャスト，ジオキャストの両方に適用可能である。

2.4.2 次ホップ転送方式

本方式では各ノードは周期的にハローメッセージをブロードキャストし、隣接ノードに対して自身のアドレスと位置情報を広告する。別の方法としてハローメッセージのオーバヘッドを低減させるため、データパケット転送直前に隣接探索メッセージをブロードキャストし、隣接ノード情報を集める方法も考えられるが、安定した隣接ノードの発見が困難であり、パケット転送の遅延が増える問題もある。ハロー周期はノードの移動度を考慮して適切に設定する必要がある。車車間通信用では車の相対速度が大きく、隣接ノードの時間的変化が大きいため、正確な隣接ノードの発見のためにはハロー周期を数秒以下に設定する必要がある。渋滞時にはノード密度が極めて高くなり、ハローメッセージの無線帯域負荷が膨大になる。これを低減するにはハロー周期の拡大が必要になる。渋滞時には車の走行速度が小さく隣接ノードの変化の割合が低いため、ハロー周期を長くすることの弊害は比較的少ないことが期待される。

原理的には、転送するパケットを持っているノードは終点方向へ最も前進距離が大きいノード（図 2.5 のノード A）あるいは終点へ最も近いノード（図のノード B）を次ホップノードとして選択する。この二つの尺度は図の例に示されるように、一致するとは限らないが、実質的にはほぼ同等の尺度である。このような中継ノードの選択方法は**貪欲前進法**（greedy forwarding）と呼ばれる。もし、隣接ノードが終点ノードの方向に見つからない場合、転送ノードにおいて一時的にパケットを保管し、その後に隣接ノードを発見した時点でパケットを送信する方法も考えられる。この方法は MANET に一時的に分割が

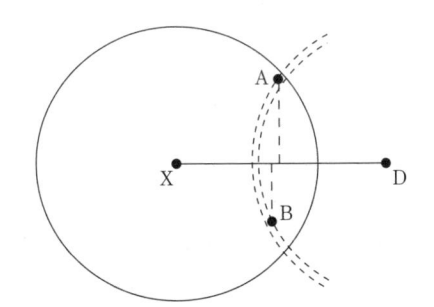

図 2.5 次ホップ中継方式における次ホップノードの選択基準

生じているときに有効である。

　選択された次ホップへのパケット転送はリンク層プロトコルにより，そのノードのリンク層のアドレス（以下に述べるユニキャストアドレス）に基づいて行う．位置情報だけでは誤差もあるので，ノードを特定できない。IEEE 802.11などの標準的なリンク層プロトコルを想定すると，選択された次ホップへパケットを転送するためフレームの受信機/宛先アドレスとしてユニキャストアドレスを使用する．フレーム送信の高信頼化のため，送信失敗時の再送メカニズムが提供されている。一方，後述するように，指向型フラッディングにおいてはブロードキャストアドレスが使用される。この場合には再送メカニズムは提供されていない．

　一般に貪欲前進法は終点ノードへ至るパスがあるにも関わらず，終点にパケットを配送できない場合がある．一例を図 2.6 に示す．この問題は局所最大 (local maximum) と呼ばれ，様々な回復方法が提案されている．

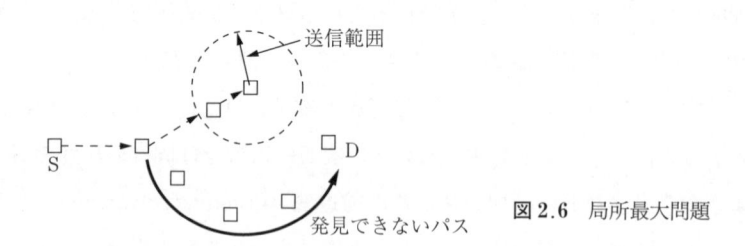

図 2.6　局所最大問題

2.4.3　指向型フラッディング方式

　指向型フラッディング方式は終点方向へ向かって隣接ノードが次々とブロードキャストを繰り返すことにより，パケットを配送する方式である。このとき，各ノードは次ホップを指定せず，単純にパケットをブロードキャストする．これを受信した隣接ノードは無条件に再ブロードキャストを行うのではなく，始点，直前のノード，終点などの位置情報に基づき，必要な場合にのみ再ブロードキャストを行う．このように，**単純フラッディング**とは異なり，再ブロードキャストを行うノードを限定することにより**フラッディングオーバヘッ**

ドを削減する方式である．**次ホップ転送方式**と異なりハローメッセージは不要である．

指向型フラッディングでは，パケットを受信した各ノードはそのパケットを再ブロードキャストするか否かを地理的な条件に基づき独立に決定する．具体的には，始点または受信したパケットの送信元ノード（直前転送者）と終点の間に，終点を含む転送ゾーンを定義する．パケットを受信した隣接ノードは自身が定められた転送ゾーンの中に位置するか否かを判定し，転送ゾーン内に位置する場合には再ブロードキャストを行う．転送ゾーン外に位置するノードは受信パケットを廃棄する．図2.7の例では，黒塗りのノードが転送ゾーン内に位置するため，受信したパケットの再ブロードキャストを行っている．この方法は転送ゾーン内に隣接ノードが存在しない場合には，終点へのパケット配送が失敗することになる．そのような場合にも，転送ゾーン外には終点にパケット配送が可能なノードがある可能性もある．パケットの終点への到達性を改善するため，転送ゾーンを広げることは可能であるが，不必要に再ブロードキャストに参加するノード数も増えるため，フラッディングオーバヘッドが増大する．転送ゾーンの最適化設計については様々な方法が提案されている．

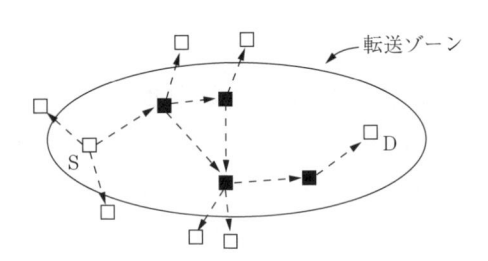

図 2.7 転送ゾーンを用いたパケット転送

さらにフラッディングオーバヘッドを削減するため，距離タイマ抑制法を使用することができる．距離タイマ抑制法では，パケットを受信したノードが転送ゾーン内であっても，すぐにはパケットの再ブロードキャストを行わない．まず，直前転送者と自身の位置の位置情報から計算される前進量に基づき，タイマ値を設定する．前進量とは終点の方向へパケットが前進した距離を送信距離に対する比率で示したものであり，例えば式(2.1)のように定式化される．

$$P(f, d, n) = \max\left\{0, \frac{dist(f, d) - dist(n, d)}{R}\right\} \qquad (2.1)$$

ここで，f，d，n はそれぞれ，直前転送者，終点，自身の位置を示す．$dist$ (x, y) は x，y 間の距離を表し，R は最大送信距離を表す．このとき，タイマ値は

$$t(P) = T(1-P) \qquad (2.2)$$

のように設定される．ここで，T は最大転送遅延を表す．タイマ値が0となったときパケットを転送する．

指向型フラッディングでは始点，転送ノードはブロードキャストを行う．IEEE 802.11 などの標準的なリンク層プロトコルを想定すると，選択された次ホップへパケットを転送するためフレームの受信機/宛先アドレスとしてブロードキャストアドレスを使用する．ブロードキャストのフレームに対しては再送メカニズムは提供されていない．これが次ホップ転送方式との大きな違いである．リンクレベルパケット配送を高信頼化するため，2.3.4項に述べた受動的確認応答の利用が考えられる．もし，確認応答が得られない場合，パケット送信者はパケットを蓄積し，再送を行うが，その分フラッディングオーバヘッドは増加する．

2.4.4 次ホップ転送方式と指向型フラッディング方式の比較[5),6)]

表2.1に両者の特徴を示す．それぞれの方式のパケット配送性能はノードの密度や移動モデルに大きく依存すると考えられる．ノードの密度が比較的小さい場合にはハローメッセージの交換に基づいて正確に隣接ノードを発見し，再送メカニズムを有するリンク層プロトコルによりパケット転送を行う次ホップ転送方式が有利と考えられる．一方，ノードの密度が高くなると隣接ノードの数が増えるため，指向型フラッディング方式ではブロードキャストされたパケットが少なくとも一つのノードで正常受信される確率が高まる．したがって，次ホップ転送方式でパケット送信に失敗し再送を繰り返す場合に比べて，パケット配送性能が向上する可能性がある．ノード密度が高いと次ホップ転送

2.4 位置情報利用型ルーティングとジオキャスト

表 2.1 位置情報利用型の二つのアプローチ

方　式	ハローメッセージ	受信機/宛先アドレス	オーバヘッドの削減方法
次ホップ転送方式	必要	ユニキャスト	ハロー周期を拡大
指向型フラッディング方式	不要	ブロードキャスト	転送ゾーンの縮小 距離タイマ抑制法

方式ではハローメッセージの負荷，指向型フラッディング方式では無駄なブロードキャストが増える．このように両方式ともオーバヘッドが高くなるため，それぞれ表 2.1 に示すようなオーバヘッド削減策が必要であり，これによるパケット配信性能への影響にも注意する必要がある．このときノードの平均速度，速度のばらつき，速度の変化率などの要因もパケット配信性能に影響する．車車間通信ではこれらの移動特性とノード密度の間にも密接な関係がある．したがって，次ホップ転送方式と指向型フラッディング方式のどちらが総合的に有利かは一概にはいえず対象とする車車間通信のモデルや特徴を踏まえた適切な評価が必要になる．

2.4.5 ジオキャスト

ジオキャストはある領域（終点領域）を終点として指定し，その終点領域に存在するすべてのノードにパケットを配送することを目標とする．終点領域の情報もパケットヘッダに格納される．終点領域は座標などで明示的に与えられるとは限らない．始点ノードの位置からの方向や距離で指定されることもありうる．位置情報利用型のルーティングプロトコルにおいて，終点の代わりに終点領域を用いることによりジオキャストを実現可能である．

次ホップ転送方式は，終点領域の例えば中心点を終点とみなすことにより，ジオキャストの場合にもそのまま利用できる．パケットが終点領域に到達するとそれ以降は，単純フラッディングを利用する．このとき，再ブロードキャストを行うのは終点領域内のノードのみである．また，次ホップ転送方式はハローメッセージを利用する方式であり，ハローメッセージ交換により収集した

隣接ノードの情報を有効利用し **MPR フラッディング** のような効率的フラッディングを行う方法も考えられる。

一方，指向型フラッディング方式では単純フラッディングの利用が基本になる。これは次ホップ転送方式のように隣接ノードの情報に基づく効率的なフラッディングが使えないからである。しかし，なお，各ノードはフラッディングオーバヘッドを削減するため，発見的手法を用いてそれ自身が再ブロードキャストする必要があるかどうかを判定することも考えられる。例えば，各ノードはパケットのブロードキャストを行う際，自身の位置情報をパケットに含めることにする。また，ノードはパケットを受信してもすぐ再ブロードキャストを行わずランダム遅延のタイマをセットする。そして待機状態において隣接ノードから受信する同一パケットの情報に基づき，再ブロードキャストを行うか，中止するかの判定を行う。具体的にはパケットを受信したノードは与えられた最大送信距離に基づき，転送ゾーン内での自身のパケット再ブロードキャストによる被覆領域増分を計算し，それが与えられた閾値より大きければ，タイマが切れたときパケットの再ブロードキャストを行う。あるノードの被覆領域とはそのノードがブロードキャストによりパケットを転送できるノードが存在する領域のことであり，そのノードを中心とし半径を最大送信距離とする円で囲まれた領域である。また，あるノードの被覆領域増加分とは，そのノードの被覆領域からそのノードが同一パケットを受信した他のノードによる被覆領域を除いたものである。図 2.8 の例では，ノード A，B，C の順でパケットの再ブロードキャストが行われ，ノード D がノード B からのパケットを受信後，ランダム遅延内にノード C からも同一パケットを受信したと想定し，そのときのノード D の被覆領域増加分を示している。このように，被覆領域増加分を被覆領域が最大送信距離を半径とする円内と仮定して求めているが，実際のパケットの到達範囲は周囲の物理的，電磁的環境に大きく影響を受けるので，一定半径の被覆領域を利用することの実用性については問題がある。

多くのジオキャストプロトコルでは，終点領域は 2 次元平面上の領域として与えられる。VANET 環境で終点領域が道路上に限定されるならば終点領域

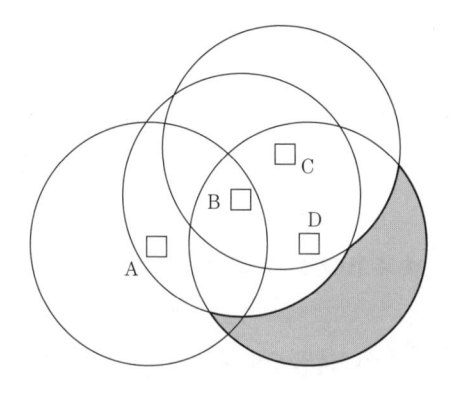

2.4 位置情報利用型ルーティングとジオキャスト

図2.8 ノードDの被覆領域増加分

を1次元領域として扱うことが可能である（1次元法）。ディジタル道路地図の利用などを前提とすれば道路に沿ったブロードキャストの連鎖により道路上に限定された終点領域全体をカバーできる。これにより非常に単純なジオキャストが実現できる。1次元法はつぎの条件が成立すれば有効である。すなわち，道路幅を L，最大送信距離を R とするとき，図2.9の関係から式2.3となる。

$$L_{\max} = \frac{\sqrt{3}}{2} R \tag{2.3}$$

一例として，$R=150\,\mathrm{m}$ とすれば，道路幅が $129\,\mathrm{m}$ までは1次元法が有効になる。したがって，通常の道路幅を想定すればIEEE 802.11などの無線LANでも1次元法が十分適用可能である。

このように，VANET環境ではノード位置がディジタル道路地図で与えら

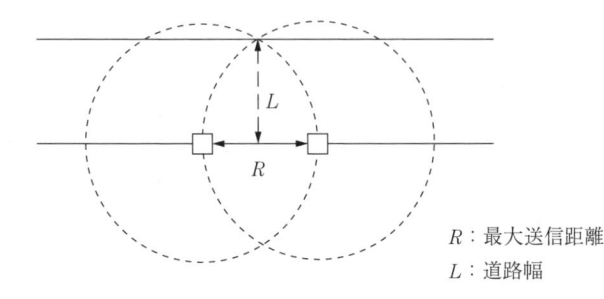

R：最大送信距離
L：道路幅

図2.9 道路の被覆条件

れる道路上に限定される場合，1次元的なパケット再ブロードキャストで，道路面をカバーするジオキャストが可能である．したがって，フラッディングオーバヘッドを削減させるため，2.4.3項に述べた距離タイマ抑制法を終点領域においても使用することができる．

2.5 マルチキャストプロトコル

マルチキャストは，複数のノードに同一の情報を通信する．これまで有線ネットワークにおいて，動画や音楽，音声を配信するストリーミングやチャット，テレビ会議などの多人数参加型アプリケーションで利用されてきた．アドホックネットワーク特有のアプリケーションとしては，災害現場における被災者への緊急通報，商品倉庫における管理端末への一斉通報，ショッピングモール等における来場者への広告配信などが考えられる．今後は，有線ネットワークと共通なアプリケーションも含め，アドホックネットワークにおいても，マルチキャストの重要性が増すと思われる．マルチキャストでは，**図2.10(b)**に示すように送信元や中継ノードにおいて転送に必要な出力側のノード分のみ複製を行うことで，メッセージを減らすことができ，図(a)の1対1通信を行う**ユニキャスト**に比べて効率的な通信を行うことができる．

また，3.2.1項で述べるが，センサネットワークでは，**シンクノード**（通常一つのセンサネットワークでマスタノードとして一つ設定される集中制御ノードで，センサデータを解析するためにパソコンやサーバと接続するゲートウェイあるいはルートの役割を果たす．ZigBeeでは，**ZigBee コーディネータ**に対応する）からのセンサへの指示に基づき，センサ群からのセンサデータをシンクノードに集めるトラヒックが主体であり，シンクノードからセンサあるいはセンサを接続するノードへのブロードキャストまたはマルチキャストの通信が行われる．すなわち，センサネットワークでは，複数ノードへの通信が重要となる．

アドホックマルチキャストプロトコルについては，1990年代末よりすでに

2.5 マルチキャストプロトコル

(a) ユニキャストによる逐次同報 — すべてのノードで下流の端末分をコピー

(b) マルチキャスト — 最下流の中継ノードでのみ自身に接続された端末数分をコピー

○ 中継ノード　■ 受信端末

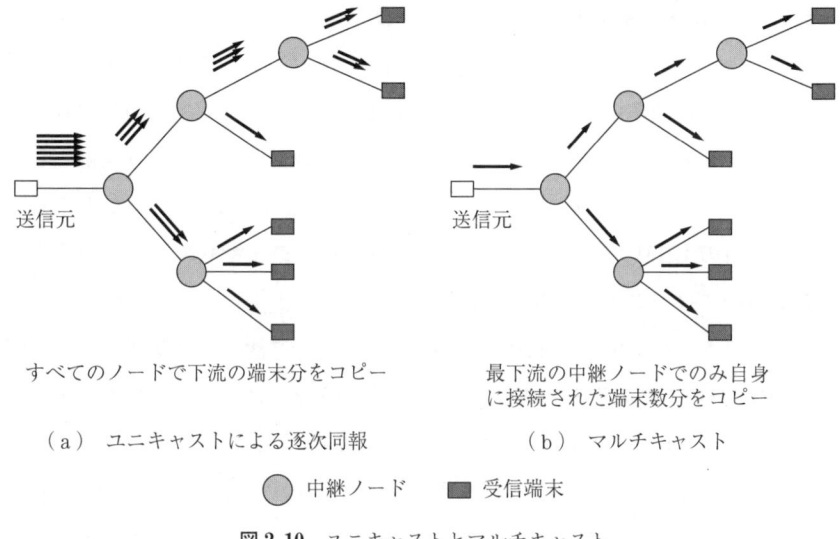

図 2.10　ユニキャストとマルチキャスト

30以上のプロトコルが論文等により提案されているが，ユニキャストがまだIETF MANET WGにおいてStandard Track RFC標準化へ向けて作業を進めている段階であることから，マルチキャスト標準化に関しては本格的な議論には至っていない。現在MANET WGに提案されているのはマルチキャストの一種であるMANET全体へのブロードキャスト型の情報配信を行うプロトコルである。2.1節に述べたように，ユニキャストに関してリアクティブ型，プロアクティブ型，それぞれのルーティングプロトコルの標準化が進展しており，そのいずれにもフラッディングプロトコルを基本とするMANET全体への制御メッセージの配信機能が含まれている。しかし，これらはネットワーク層で行われるわけではなく，上位層の関与が必要である。また，他のアプリケーションが利用できるものでもない。そこでアプリケーションデータを対象として，フラッディングをネットワーク層で行うプロトコル，さらに**MPR**などを利用する効率的なフラッディングプロトコルに関する標準化案が提出されている段階である。

2.5.1 マルチキャストプロトコルの分類

マルチキャストでは，ユニキャストに比べてプロトコルの良否を決定付ける要因となる分類軸が多く，様々なトレードオフがあり，より多面的な評価が必要となる．リアクティブ型かプロアクティブ型か以外にもおもな分類軸として下記が挙げられる．これら以外にもユニキャストと同様，アドホックネットワーク特有の **LBM**（location-based multicast），**ジオキャスト**などの位置情報補助型のプロトコルもある．

① プロトコルの実現レイヤに関するネットワーク層とアプリケーション層（**オーバレイマルチキャスト**）　インターネットにおけるマルチキャストについては，1990年代にネットワーク層で実現する**送信元木**（source-based tree）をベースとする **DVMRP**（distance vector multicast routing protocol），**MOSPF**（multicast extensions to open shortest path first），**PIM-DM**（protocol independent multicast-dense mode），共有木をベースとする **CBT**（core based trees），**PIM-SM**（protocol independent multicast-sparse mode）などの **IP マルチキャスト**プロトコルが多く提案された．しかしこれらのプロトコルは，特に大規模なネットワークでの制御が複雑で，ルータへの実装およびその処理負荷が大きくなることからほとんど実用化されていない．実用化の例としては，IPTVなど専用のIP網を対象とした PIM-SSM（Protocol Independent Multicast-Source Specitic Muticast）などのプロトコルに限られている．2000年代になってアプリケーション層で実現する，ツリー型の **Yoid, BTP, Overcast, NICE, Peercast**，メッシュ型の **Narada/ESM, Scattercast, Bayeux, HBM, ALMI** などの **ALM**（application level multicast）プロトコルが多く提案された．現在は，ALMプロトコルを中心に実用化が始まりつつある状況である．

MANET WG では，ユニキャスト，マルチキャストいずれもネットワーク層におけるルーティングを想定している．しかし，マルチキャストについては，インターネットにおけるマルチキャストと同様，通信効率を

犠牲にしても，制御の複雑さを抑え，スケーラビリティを高めるため，ネットワーク層ではなくアプリケーション層によるオーバレイマルチキャストの研究も盛んに行われている．

　オーバレイマルチキャストについては，**共有木**によるAMRoute (adhoc multicast routing protocol)，AMRouteによる共有木が最短経路でないため低効率という欠点を送信元木にすることによって解決する**PAST-DM** (progressively adapted sub-tree algorithm on dynamic mesh)，さらに性能向上を図った**ALMA** (application layer multicast algorithm) が代表的である．

② トポロジーに関する**ツリー型**と**メッシュ型**　　ネットワークのトポロジーに関するツリー型とメッシュ型については，これまでインターネットにおいてはALMプロトコルを対象とした議論が主であった．ネットワーク層で実現するIPマルチキャストにおいてはツリー型が前提で，③で述べる送信元木と共有木の議論が主であった．しかし，MANETにおけるマルチキャストのトポロジーに関しては，ツリー型とメッシュ型が考えられる．伝送効率あるいは伝送遅延については，冗長性を排除するツリー型のほうが勝っている．ツリー型は，データの配信がツリー上に一意に行えるため制御が容易，ループを回避できる等の利点があるが，経路切断時の回復処理が煩雑という欠点がある．メッシュ型は逆に，ツリー型に比べて制御が複雑，ループを生成しやすいという欠点があるが，迂回路の設定が容易なため通信の高信頼化が図れるという利点がある．

③ ツリー型における送信元木と共有木　　IPマルチキャストと同様，送信元（ソース）木と共有木の二つの方式がある．送信元木による方式では，マルチキャストグループの各ノードを送信元として最短経路木を生成し送信元木とする．共有木による方式では，生成される木は最短経路木にならないが，特定の中心的なノード（**コアノード**，rendezvous pointなどと呼ぶ）を送信元とする共有木を生成する．送信元木による方式は共有木による方式に比べ，すべてが最短経路木であるためトラヒックの高負荷

表2.2 おもなマルチキャストプロトコルの比較

特性	AMRIS	CAMP	ODMRP	ABAM	DDM	AMRoute	PAST-DM	MAODV
トポロジー	共有木	送信元木	グループベースメッシュ	送信元木	送信元木	メッシュ上の共有木（静的）	メッシュ上の共有木	共有木
ループ	なし	なし	なし	なし	なし	あり	あり	なし
制御パケットオーバヘッド	フラッディング	なし	周期的フラッディング	ツリーの生成と修復	周期的フラッディング	フラッディング	フラッディング	フラッディング
ルーティング制御のダイナミング	プロアクティブ（テーブル駆動）	プロアクティブ（テーブル駆動）	リアクティブ（オンデマンド）	リアクティブ（オンデマンド）	リアクティブ（オンデマンド）	プロアクティブ（テーブル駆動）	プロアクティブ（テーブル駆動）	リアクティブ（オンデマンド）
ユニキャストルーティングプロトコルへの依存性	なし	あり	なし	なし	あり	なし	なし	なし
周期的メッセージ	あり	あり	あり	あり	あり	あり	あり	あり
スケーラビリティ	あり	あり	中間	なし	なし	なし	なし	あり
セッションの初期起動	送信側	受信側	送信側	送信側	受信側	送信側/受信側	送信側/受信側	受信側
トポロジーのメンテナンス	ハードステート	ハードステート	ソフトステート	ハードステート	ソフトステート	ソフトステート	ソフトステート	ハードステート
実現レイヤ	ネットワーク層	ネットワーク層	ネットワーク層	ネットワーク層	ネットワーク層	アプリケーション層（オーバレイ）	アプリケーション層（オーバレイ）	ネットワーク層
特徴ほか	・比較的制御応答が早い・比較的制御パケットが少ないので帯域を使うものが少ない・送信元からの宛先までのホップ数が増大する傾向がある・トラフィックの増大により衝突が急激に増加	・衝突の増加により制御応答パケットのロスが増大するのでパケット再構築の遅延が大きくなる	・比較的制御が容易なプロトコル・他のプロトコルに比べ制御オーバヘッドが小さい	・ホップ数での経由で送信元を安定度で決定する・宛先と特定リンクに集中	・状態管理が不要・10ノード程度までの小規模なネットワークを想定・配信率が高く制御パケットが少ない	・ループの発生で制御側で破棄する可能性がある・メッシュ上に生成するため信頼度が高い・移動が激しく寸断が多くなると、ホップ数が大きく、ノードの変化が大きくなる・増加しやすくトラフィックオーバーが発生しやすい	・他のプロトコルに比べ相対的に配信率が高い	・ユニキャストと共通であるためパケットが密集したり、移動が激しいと集中してパケットが下がる・ノード数が増えると配信率が下がる

AMRIS : ad hoc multicast routing protocol utilizing increasing id-numbers　　　CAMP : core-assisted mesh protocol　　　ODMRP : on-demand multicast routing protocol　　　ABAM : associativity-based ad hoc multicast　　　DDM : differential destination multicast　　　AMRoute : ad hoc multicast routing protocol　　　PAST-DM : progressively adaptive subtree in dynamic mesh　　　MAODV : multicast ad hoc on-demand distance vector routing

時においても高い性能を示すが，送信元のノードごとに最短経路木を作成する必要があるため制御が複雑で，宛先ノードが増えるとパケット数が増大しスケーラビリティに欠ける。

④ トポロジーの維持管理に関する**ハードステート**と**ソフトステート**

ハードステートでは，リンクが切断した場合のみ経路発見のための制御パケットを送出する。ソフトステートでは，最新の経路情報を保持するため，制御オーバヘッドを犠牲にして制御パケットを周期的にフラッディングする。したがって一般には，ハードステートよりもソフトステートのほうが，パケット到達率が高いが，制御オーバヘッドが大きい。

表2.2に他の方式パラメータを加えたおもなマルチキャストプロトコルの比較を示す。

2.5.2 おもなマルチキャストプロトコルとその性能評価の概要

上記の各分類に対応したマルチキャストプロトコルの代表的な例として，**ODMRP**（on-demand multicast routing protocol），**MAODV**（multicast ad hoc on-demand distance vector protocol），**AMRoute**（ad hoc multicast routing protocol），**CAMP**（core assisted multicast protocol）の四つのプロトコル，および各プロトコルの性能比較の概要を述べる。

（1） **ODMRP**　　ODMRPは，制御が比較的容易で，メッシュ型であるため迂回路を生成しやすく配信率が高いとされている。特にアドホックネットワークのシミュレータとしての利用実績が多い，**GloMoSim**（商用版が**Qual-Net**）を開発したUCLAの研究グループのS.J. Leeらによって1999年に提案された。現在も，各種の側面からの評価やその改善案について，最も多くの研究発表が行われているプロトコルでもある。

ODMRPでは，**転送グループ**（**FG**：forwarding group）と呼ばれる中継ノード群を利用して，ブロードキャストによりデータの伝送を行う。

① 送信元ノードからの参加要求メッセージの伝搬　　マルチキャストの送信元ノードは，自身のアドレスを付加した**参加要求**（**JQ**：join query）

メッセージ（以下，単に JQ）を隣接ノードにブロードキャストする。JQ を受信したノードは，送信元ノードのアドレスと1ホップ前のノードのアドレス（以下，次ホップノードアドレス）を経路テーブルに格納する。つぎに送信元ノードのアドレスと自身のアドレスを付加した JQ を作成し，隣接ノードに中継ブロードキャストする。シーケンス番号を使用し，過去に受信したものと同じ JQ を受信した場合は転送を行わない。

② 送信元ノードへの参加応答メッセージの伝搬　JQ を受信したノードがマルチキャスト参加ノードすなわちマルチキャストの宛先ノードの場合，経路テーブルを参照して，送信元ノードのアドレスと次ホップノードアドレスを付加した**参加応答**（**JR**：join reply）メッセージ（以下，単に JR）を隣接ノードにブロードキャストする。JR を受信したノードは，経路テーブルに格納されている送信元ノードのアドレスメッセージ内の送信元ノードのアドレス，自身のアドレスとメッセージ内の次ホップノードアドレスをそれぞれ比較する。

アドレスが一致した場合，自身の経路テーブルに格納されている送信元ノードのアドレスと次ホップノードアドレスを付加した JR を作成し，隣接ノードに中継ブロードキャストする。JR を中継したノードは，自身がマルチキャストの伝送路上に位置するとして FG に加わる。アドレスが一致しない場合，JR は破棄される。なお，重複する JR を受信した場合も中継は行われない。

以上の処理を，JR が送信元ノードに到達するまで繰り返す。伝送経路の更新と新規ノードの追加は，送信元ノードが JQ を周期的にフラッディングすることで行われる。

FG は，マルチキャストデータパケットを隣接ノードへ中継する役割をもち，JR をある一定期間（FG タイムアウト間隔）について受信しない FG ノードは，その役割を失い，中継を停止する。

③ マルチキャストデータ配信　送信元ノードからマルチキャストデータの配信が開始されると，FG によってデータパケット転送が行われ，マル

チキャストグループメンバ（宛先ノード）へ到達する。重複したデータパケットを受信したFGは，データパケットの転送を行わずに廃棄する。FGの下流に複数の中継ノードまたは宛先ノードが存在する場合，一回の送信により複数ノードがそのパケットを受信できるため，送信パケット数が抑制される。

　FGは必ずしもJQおよびJRの転送経路から受信するパケットのみを転送するわけではなく，受信したマルチキャストグループメンバに対して自身がFGになっている場合に転送を行う。中継ノードの移動により，一度構築した経路が切れた場合にも他の経路からデータを転送できる場合があるため，冗長性が高く，ある程度高い配信率を維持できる。

なお，ODMRPは基本的にはリアクティブ（オンデマンド）型であるが，オプションとして定期的（既定値は3秒ごと）にハローメッセージを近隣のノードに送信して接続状況をつねに知る動作も可能である。

図2.11にODMRPにおけるマルチキャストの様子を示す。

（2） **MAODV**　　MAODVは，ユニキャストプロトコルのAODVを考案したC.E. Perkins (Sun Microsystems → IBM → Nokia) らによって2000年に提案された。MAODVは，ユニキャストプロトコルのAODVをマルチキャストに拡張したプロトコルである。ユニキャスト，マルチキャスト，ブロードキャストを行うことができる。トポロジーは共有木，トポロジーの維持管理はハードステートである。AODVと同様にデータ送信要求の発生したノードは，経路探索のために**RREQ**をブロードキャストする。中継ノードは，経路テーブルをしながら順次RREQを転送する。マルチキャストの宛先ノードが**RREP**を返信することにより，共有木が生成される。また，シーケンス番号を利用することにより，マルチキャストの宛先ノードへの最新の経路を発見する。

　MAODVは共有木を形成するためループはなく，ユニキャストもマルチキャストもできるため，制御パケット数を最小限に抑えることができる。しかし，共有木であるためノード密度が高い場合やノードが移動する場合は，配信

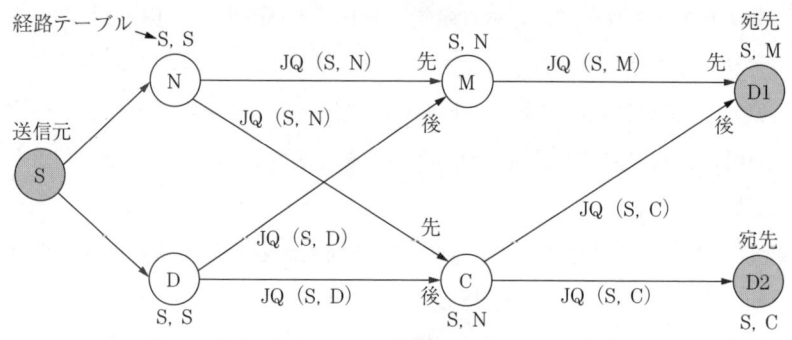

60   2. MANETのルーティングプロトコル

① 送信元ノードからの参加要求メッセージJQの伝搬

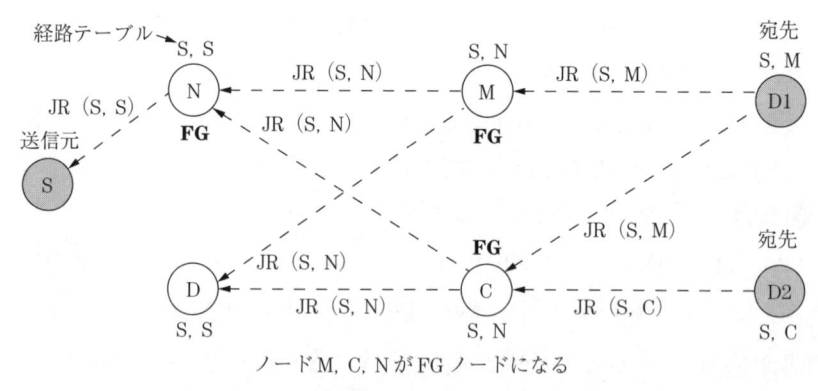

先, 後：JQ受信の順序   S：送信元ノード   R：宛先ノード

② 送信元ノードからの参加要求メッセージJRの伝搬

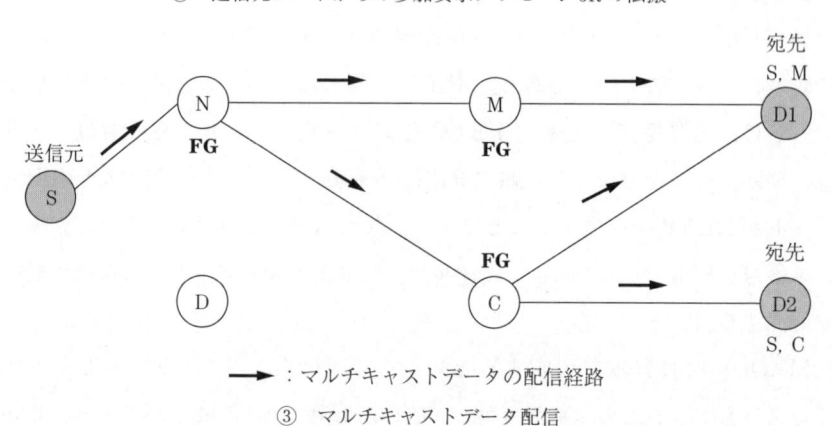

ノードM, C, NがFGノードになる

③ マルチキャストデータ配信

→：マルチキャストデータの配信経路

図2.11 ODMRPにおけるマルチキャストの様子

```
                    ──→ : RREQ       ◯ : 中継ノード
                    --→ : RREP
```

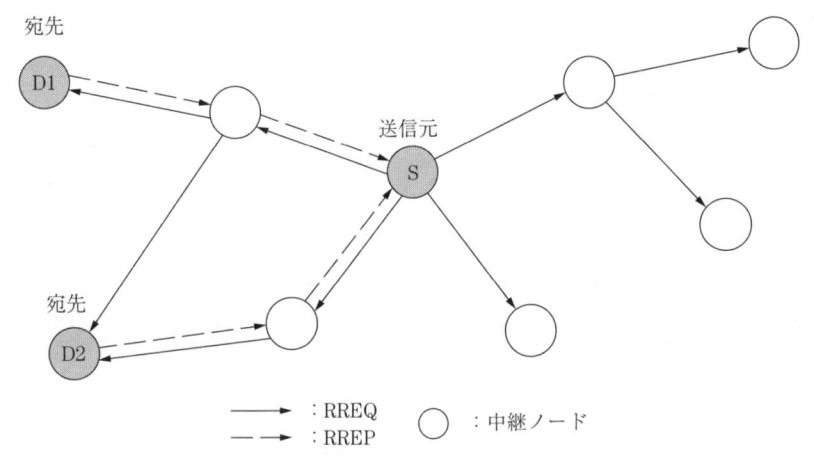

図 2.12　MAODV におけるメッセージの流れ

率が低下する。

図 2.12 に MAODV におけるメッセージの流れを示す。

（3）**AMRoute**　AMRoute は当時 Bellcore（その後 Telcordia Technologies）の E. Bommaiah らによって 1998 年に提案された。AMRoute はツリー型であるが，経路の切断が発生しやすいという問題を解決するためメッシュの上にツリーを構築する。ユニキャストプロトコルを必要とするが，ユニキャストプロトコルが限定されることはない。ネットワークのトポロジーの変化はユニキャストに任せられる。

マルチキャストの宛先ノードに論理コアが設定され，論理コアは新しい宛先ノードの発見とデータ配信のためのマルチキャストツリーの作成，維持の責任を持つ。メッシュ上にツリーを構築するため，ロバスト（堅牢，高信頼）であるがループができるという欠点がある。また，ノードの移動が激しい場合やネットワークが大規模な場合は，論理コアが頻繁に変化するためオーバヘッドが大きくなる。図 2.13 に AMRoute におけるリンクとノードの様子を示す。

（4）**CAMP**　CAMP は，ODMRP と同じく 1999 年に UC Santa Cruz の J. J. Garcia-Luna-Acceves らによって提案された。CAMP では，マルチキャストグループ（一つの送信元ノードと複数の宛先ノードの組）ごとに一つ

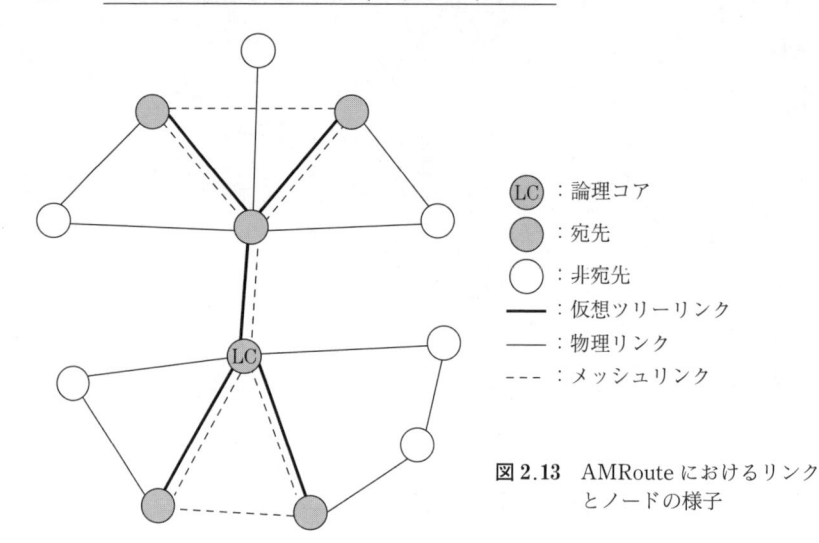

図 2.13 　AMRoute におけるリンクとノードの様子

LC ：論理コア
● ：宛先
○ ：非宛先
━ ：仮想ツリーリンク
─ ：物理リンク
--- ：メッシュリンク

のマルチキャストメッシュを構築する．複数の**コアノード**に，新しいノードの参加時の支援権限を委譲しフラッディングは行わない．

あるノードがマルチキャストグループに参加するためには，まず隣接ノードのいずれかがマルチキャストメッシュのメンバかどうかをチェックする．隣接ノードの中にメンバがあれば，その隣接ノードに参加要求を送信し，メンバがなければ参加要求をコアノードの一つに送信する．コアノードへの経路は，ユニキャストルーティングプロトコルから得られる．ノードの参加プロセスが成功すると確認応答が返るが，そのとき参加要求が通った経路はマルチキャストメッシュの一部になる．コアノードへの経路が存在しない場合は，2.3 節で述べた**拡大リング探索**（expanding ring search）により，リングを一つずつ拡大してメッシュのメンバが見つかるまで探索を続ける．ノードがマルチキャストグループから離脱する場合は，隣接ノードに離脱通知をブロードキャストする．

リンクが切断した場合，マルチキャストメッシュは代替経路を利用するが，代替経路がない場合は，接続の切れた受信ノードはマルチキャストメッシュに再び参加する必要がある．さらにマルチキャスト受信ノードは，すべての送信

ノードから自分への最短経路がマルチキャストメッシュに含まれているかどうかを定期的に確認する．データパケットが送信元ノードへ向かう最短経路上の隣接ノードから受信されていなかった場合は，heart beat（ハローメッセージに相当）または push join を送信してマルチキャストメッシュ内に新たな最短経路を組み入れる．次ホップノードがすでにマルチキャストメッシュメンバである場合に heart beat，そうでない場合は push join を送信する．push join は参加プロセスと同じ効果があり，経路沿いのすべてのノードをマルチキャストメッシュのメンバにする．上記の最短経路の情報はベースになるユニキャストルーティングプロトコルから得られ，このため CAMP はユニキャストルーティングプロトコルに依存する．

図 2.14 に，push join を使った場合の様子を示す．

（5） 性能比較の概要　　上記のように，ツリー型と比べて，メッシュ型のほうが冗長な経路を作りやすいため相対的には配信率が高いとされている．

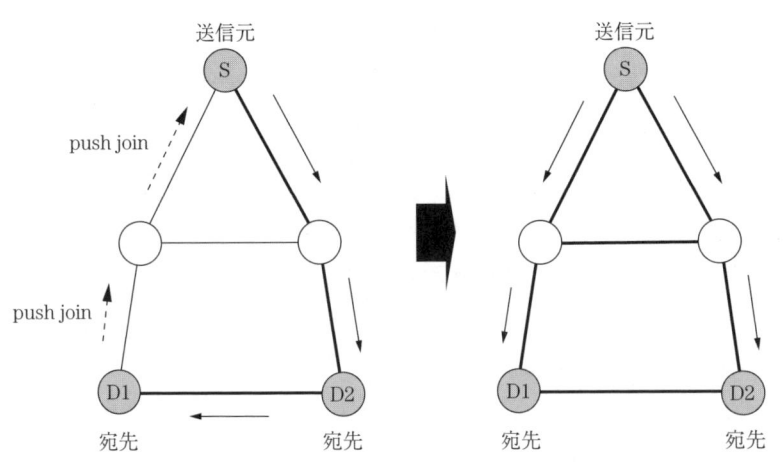

① 送信元ノードから以前の最短経路と異なる経路を辿ってきたパケットを受信すると，D1 は push join を送信

② 新しい最短経路がメッシュに組み込まれる

―――：メッシュリンク
―――：マルチキャストデータの配信経路

図 2.14 CAMP において push join を使ったマルチキャストメッシュの管理

ODMRPとの比較において，MAODVは，共有木方式を採用しているためノードの移動が激しいネットワークでは安定性を欠くとされている。総論的にODMRP，MAODV，AMRoute，CAMPの中ではODMRPが最も安定した通信を行えるという報告がなされている。

2.6 MANETルーティングプロトコルの標準化動向

2.6.1 概要

1.4節に述べたように，**IETF**のMANET WGが1997年8月の39th IETF以降活動を続けている。第一段階としてリアクティブ型の**DSR**[21]と**AODV**，プロアクティブ型の**OLSR**と**TBRPF**[22]が実験的RFCとして発行された。MANET WGでは，第二段階として上記4プロトコルの評価をベースに，リアクティブ型，プロアクティブ型のそれぞれについてプロトコルを一本化する議論が進められ，2004年ごろより標準化トラックのRFCに向けた標準化作業が本格化している。リアクティブ型の**DYMO** (dynamic MANET on-demand routing)，プロアクティブ型の**OLSRv2**である。DSRの実験的RFC化がセキュリティ上の課題などから大幅に遅延したこと，AODVが広範な支持を得たことなどからDYMOはAODVをベースとするプロトコルとなった。TBRPFはその提案元のSRI Internationalの知的財産権に関する方針の関係で標準化トラック候補からは外れた。

これらの検討の中で，ルーティングプロトコルのシンプル化，機能追加に対する柔軟性向上，共通的機能の流用などを目的として機能のビルディングブロック化，共通のパケット・メッセージフォーマットの採用の重要性が認識された。この観点からOLSRに含まれていた隣接ノード発見プロトコルを独立させ，他のプロトコルからの利用を可能とする**NHDP** (MANET neighborhood discovery protocol)，**MPR**などを利用した効率的なフラッディングプロトコル**SMF** (simplified multicast forwarding for MANET)，共通パケット・メッセージフォーマットの標準化についてもそれぞれ検討が進んでいる。

なお，SMF は実験的 RFC を目指している．

MANET WG で開発が進展するルーティングプロトコルは 2004 年 5 月に発足した IEEE 802.11s における無線 LAN メッシュネットワーク，2005 年 11 月に発足した IETF 6lowpan（IPv6 over low power WPAN）ワーキンググループにおけるパーソナルエリアネットワーク，2002 年発足の ZigBee Alliance が推進するセンサネットワークにおけるルーティングプロトコルの検討にも大きな影響を与えている．IEEE 802.11s ではルーティング機能を MAC 層に取り込み，AODV，OLSR（オプション）をベースにルーティングプロトコルの開発が進んでいる（3 章参照）．6lowpan, ZigBee では物理層，MAC 層には IEEE 802.15.4 が用いられ，その上のネットワーク層のルーティング機能として 6lowpan では DYMO，ZigBee では AODV の利用が考えられている．

以下，パケット・メッセージフォーマット，NHDP，DYMO，OLSRv2，SMF について詳しく説明する．

2.6.2 パケット・メッセージフォーマット[23]

ルーティングプロトコルが生成するメッセージをいくつかまとめて送信できるものとし，このひとまとめに送信するデータの単位をパケットと呼ぶ．パケットは適切なトランスポートプロトコル（通常，**UDP**）によりカプセル化され **IP パケット**として配送される．これによってメッセージを個々に送るより，無線帯域を効率的に使用できる．これは OLSR が採用していた方法を引き継いだものである．以降に述べるように，パケット，メッセージ，**IP アドレスブロック**には **TLV** ブロックを付与する．TLV とは type, length, value のことであり，TLV ブロックは TLV を必要なだけ並べたものである．新たな TLV を定義・付与することにより，新たなメッセージの追加，既存のメッセージの拡張が容易になる．また未知の TLV を読み飛ばすことで相互運用性，後方両立性を確保できる．

図 **2.15** にパケットのフォーマットを示す．パケットヘッダ（オプション）

66   2. MANETのルーティングプロトコル

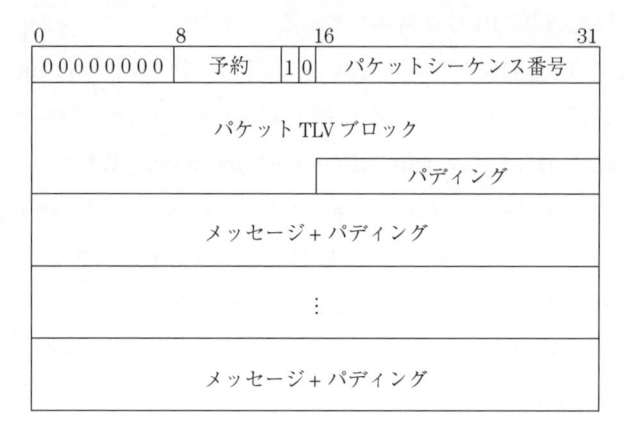

```
 0        8         16                    31
┌─────────────┬──────┬─┬─┬────────────────────┐
│  00000000   │ 予約 │1│0│ パケットシーケンス番号 │
├─────────────┴──────┴─┴─┴────────────────────┤
│           パケット TLV ブロック               │
│                          ┌──────────────────┤
│                          │    パディング    │
├──────────────────────────┴──────────────────┤
│            メッセージ + パディング           │
├─────────────────────────────────────────────┤
│                    ⋮                        │
├─────────────────────────────────────────────┤
│            メッセージ + パディング           │
└─────────────────────────────────────────────┘
```

図 2.15　MANET パケットフォーマット

は8ビットのセマンティクスフィールド（パケットヘッダの構成を説明する），16ビットのシーケンス番号（省略あり），TLVブロック（省略あり）からなる．各メッセージは共通のフォーマットを有し，メッセージヘッダとメッセージボディから構成される．図 2.16 にメッセージのフォーマットを示す．メッセージヘッダはノードがメッセージボディを検査しないでもメッセージ転送の判断を行うため必要なすべての情報を含む．具体的には8ビットのメッセージタイプ，8ビットのセマンティクスフィールド，メッセージサイズ，メッセージ生成者のアドレス（省略あり），8ビットのホップリミット（省略あり），8ビットのホップカウント（省略あり），16ビットのメッセージシーケンス番号（省略あり）からなる．

メッセージボディはメッセージヘッダに対するTLV，アドレスブロックと

```
 0              8         16                    31
┌──────────────┬────────┬─┬─┬─┬──────────────────┐
│ メッセージタイプ │ 予約 │N│0│0│ メッセージサイズ │
├──────────────┴────────┴─┴─┴─┴──────────────────┤
│           メッセージ生成者のアドレス           │
├──────────────┬────────────┬────────────────────┤
│ ホップリミット │ ホップカウント │ メッセージシーケンス番号 │
├──────────────┴────────────┴────────────────────┤
│              メッセージボディ                  │
│                        ┌───────────────────────┤
│                        │      パディング       │
└────────────────────────┴───────────────────────┘
```

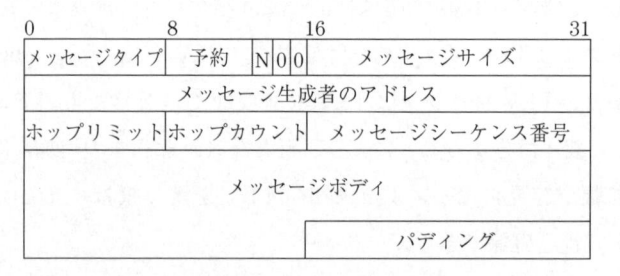

図 2.16　MANET メッセージフォーマット

TLVブロックからなる。メッセージTLVには，メッセージの有効時間やメッセージの生成周期等，メッセージ全体の属性を記述する。

IPアドレスブロック内の一連のアドレスがプレフィックスなど共通ビットを持つ場合，それを利用してアドレスブロックのサイズを圧縮することができる。具体的にはIPアドレスをヘッド，ミッド，テール部分に分け，共通ビット部分（例えばヘッド部分）を始めに記述し，そのあと残りの部分を並べて記述する。例えば，192.168.1.1, 192.168.1.2, …, 192.168.1.2, 250のような場合，ヘッド192.168.1，テールなし，ミッド1, 2, …, 250のように表記する。また，192.168.1.1, 192.168.2.1, …, 192.168.250.1のような場合，ヘッド192.168，テール1，ミッド1, 2, …, 250のように表記する。これによって共通のヘッドやテールの繰返しが削減される。

2.6.3 NHDP[24]

OLSRに含まれていた機能と原理的に同じであり，ハローメッセージを用いて2ホップ先のノードまでのローカルなトポロジーを発見するプロトコルである。各ノードが一つ以上のMANETインタフェースを有することも考慮されている。また，一つのMANETインタフェースが複数のアドレスを持つことも可能であるが，以下では簡単のため，一つのアドレスを前提に説明する。OLSRでは各インタフェースに与えられたIPアドレスの一つをメインアドレスと呼び，ノードの識別子としていたが，OLSRv2ではメインアドレスを廃止し，各インタフェースのIPアドレスを同等に扱っている。ハローメッセージは各インタフェースごとに独立に生成され，周期的に転送される。一つのハローメッセージに関して，それを送信したインタフェースを送信インタフェース，それを受信したインタフェースを受信インタフェースと呼ぶことにする。

OLSRではリンク情報ベースと近隣情報ベースが定義されていたが，NHDPではこれらをまとめ，近隣情報ベースと呼ぶ。近隣情報ベースはリンクセット，対称隣接セット，隣接アドレスアソシエーションセット，2ホップ隣接セットから構成される。各ノードはハローメッセージの送受信を通じて，

これらのセットを生成・維持する。

リンクセットはリンクタプルの集まりであり，各タプルはローカルインタフェースアドレス（受信インタフェースアドレス）と隣接インタフェースアドレス（送信インタフェースアドレス）の組で構成される。タプルの状態として，対称，非対称，損失の三つがある。ハローメッセージを受信すると対応するタプルを生成・更新し，その状態を一定時間，非対称とする。また，受信したハローメッセージの中に受信インタフェースアドレスが含まれていれば，そのタプルを一定時間，対称とする（ハローメッセージの構成は後述）。対称または非対称であったタプルがタイムアウトすると，一定時間損失とする。

対称隣接セットは対称隣接タプルの集まりであり，各タプルはローカルインタフェースアドレス（受信インタフェースアドレス），隣接インタフェースアドレス（隣接ノードの各インタフェースのアドレス）の組で構成される。タプルの状態として，対称，損失の二つがある。受信したハローメッセージに受信インタフェースアドレスが含まれ，その状態が非対称または対称であればタプルの状態は対称，損失であればタプルの状態は損失となる。

図 2.17 の例では二つのノードがそれぞれ二つのインタフェースを持つものとしている。対称リンクを実線，非対称リンクを向き付き実線，損失リンクを破線で示している。ノード A はノード B との間に対称リンク（a_1, b_1）を持つ。このため，対称隣接セットの（a_1, b_1）だけでなく（a_1, b_2）も対称の状態

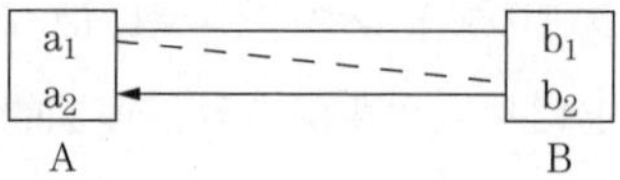

	A		B	
リンクセット	(a_1, b_1)	対称	(b_1, a_1)	対称
	(a_1, b_2)	損失	(b_2, a_1)	損失
	(a_2, b_2)	非対称		
対称隣接セット	(a_1, b_1)	対称	(b_1, a_1)	対称
	(a_1, b_2)	対称	(b_1, a_2)	対称

図 2.17　リンクセットと対称隣接セット

2.6　MANETルーティングプロトコルの標準化動向

になる。ノードBにおいても同様である。

　隣接アドレスアソシエーションセットは隣接アドレスアソシエーションタプルの集まりであり，各タプルは隣接ノードごとの隣接インタフェースのアドレスで構成される。2ホップ隣接セットは2ホップ隣接タプルの集まりであり，各タプルはローカルインタフェースアドレス，隣接インタフェースアドレス，対称2ホップ隣接ノードのインタフェースアドレスの組で構成される。ここで，対称2ホップ隣接ノードとは自身の対称隣接ノードを対称隣接ノードとするノードである。図2.18ではノードAからみてノードBは対称隣接ノード，ノードBからみてノードCは対称隣接ノードであるため，ノードAからみてノードCは対称2ホップ隣接ノードである。ノードCのインタフェースc_2はノードBのどのインタフェースとも対称リンクを持たないが，c_1が持つため，(a_1, b_1, c_1)だけでなく，(a_1, b_1, c_2)も2ホップ隣接セットに含まれる。

```
  ┌──┐             ┌──┐              ┌──┐
  │a₁│ ←---------- │b₁ b₁│ --------- │c₁│
  │a₂│             │b₂ b₂│            │c₂│
  └──┘             └──┘              └──┘
   A                 B                 C
```

ノードAの2ホップ隣接セット
$(a_1,\ b_1,\ c_1)$
$(a_1,\ b_1,\ c_2)$

図2.18　2ホップ隣接セット

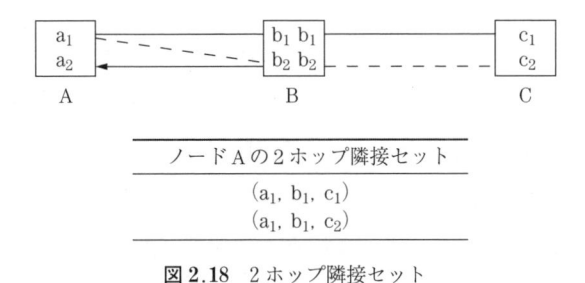

　ハローメッセージの構成はOLSRとは異なり，2.6.2項に述べた一般化されたフォーマットを使用する。NHDPを使用するプロトコルによりハローメッセージのヘッダオプションが決まる。メッセージボディはつぎのように構成される。

① VALIDITY_TIMEをtypeとするメッセージTLVを入れる。VALIDITY_TIMEはメッセージ内容の有効時間を隣接ノードに通知するものであり，valueに与えられた保持時間を設定する。

② 自ノードのすべてのMANETインタフェースのアドレスからなるアド

レスブロックと，続く TLV ブロック（これらをまとめてローカルインタフェースブロックと呼ぶ）を入れる．送信インタフェースのアドレス以外のアドレスには OTHER_IF TLV を付ける．ローカルインタフェースブロックには自ノードの非 MANET インタフェースのアドレスを入れてもよく，この場合も OTHER_IF TLV を付ける．

③ INTERVAL_TIME を type，ハローメッセージ周期を value とする TLV を入れる．

④ 各ノードはハローメッセージを用いてリンクセット，対称隣接セットに含まれる隣接インタフェースアドレスとその状態など必要な情報を広告する．具体的には下記の通りである．

　a) リンクセットのタプルの中で，ローカルインタフェースアドレスが送信インタフェースに一致するタプルを取り出し，その隣接インタフェースアドレスを入れる．LINK_STATUS TLV を付け，リンクの状態を示す．

　b) 対称隣接セットの一つまたは複数のタプルにおいて，状態が対称となっている隣接インタフェースアドレスを入れる〔ただし，a)で選択済みのものを除く〕．OTHER_NEIGHB TLV を付け，状態を対称とする．

　c) 対称隣接セットのすべてのタプルで，状態が損失となっている隣接インタフェースアドレス〔ただし，a)で選択済みのものを除く〕を入れる．OTHER_NEIGHB TLV を付け，状態を損失とする．

2.6.4　OLSRv2[25)]

OLSRv2 は実験的 RFC の OLSR（以下ではこれを OLSRv1 と呼ぶ）と基本的には同様のコンセプトにより構成される．すなわちハローメッセージに隣接ノードの情報を含めることにより各ノードが 2 ホップ先までのノードを把握する隣接ノード（リンク）検知方式，フラッディングオーバヘッドを削減するため各ノードが隣接ノードの中から **MPR**（multipoint relay）と呼ばれる

ノードを選択する方式,各 MPR が自身の部分トポロジー情報(MPR セレクタと MPR 間のリンク情報)を MPR フラッディングと呼ばれる方法によりネットワーク全体へ効率的に配布する方式などは共通である。これらを実現するため,OLSRv2 は近隣情報ベースとトポロジー情報ベースを生成・維持する。

　OLSRv1 とのおもな相違として以下の点がある。OLSRv1 では,複数メッセージを格納する固有のパケットフォーマットおよび機能ごとの固有のメッセージフォーマットを使用していたが,OLSRv2 では 2.6.2 項に述べた一般化されたパケット・メッセージフォーマットを採用している。パケットはヘッダとシーケンス番号,メッセージはシーケンス番号,生成元アドレス,ホップリミット,ホップ数を有する。OLSRv2 メッセージ共通(ハローと TC メッセージ)のメッセージ TLV として,VALIDITY_TIME と INTERVAL_TIME(オプション)が定義されている。VALIDITY_TIME はメッセージの受信後,そのメッセージの内容が有効とされる時間であり,その value には与えられた保持時間を設定する。保持時間の値は通常,メッセージ周期の 3 倍程度に設定される。ハローメッセージの VALIDITY_TIME TLV については 2.6.3 項に述べた。TC メッセージの VALIDITY_TIME の value をメッセージの生成元からのホップ数に依存して与えることが可能である。これによって遠距離のノードへはメッセージの送信周期を大きくすることにより,メッセージ数を削減することが可能になる。このような方法はフィッシュアイと呼ばれる[26]。

　隣接ノード発見の機能は 2.6.3 項に述べた NHDP を基に OLSRv2 独自機能を加えて構成する。具体的には近隣情報ベースにおいて,リンクセットのリンクタップルには WILLINGNESS(自身が MPR として選択される許容度)を記録するフィールドを付加する。また,MPR セットと **MPR セレクタ**セットを付加する。ハローメッセージにおいて MPR という type の TLV を追加することにより,自身が MPR として選択したことを相手隣接ノードに通知する。これにより,相手ノードは自身の MPR セレクタを知ることができ,MPR セレクタセットを生成・維持する。

OLSRv1 ではトポロジーセットのみをトポロジー情報ベースとしていたが，OLSRv2 では広告隣接セット，付属ネットワークセット，ANSN 履歴セット，ルーティングセット（経路表）も含めてトポロジー情報ベースと呼んでいる。トポロジーセットは終点ノードのインタフェースアドレスとその終点へ至る最終ホップのノードのインタフェースアドレスの対応を示すものである。広告隣接セットは MANET 全体に広告すべき対称隣接ノードのインタフェースアドレス（MPR セレクタを必ず含む）の集合であり，ANSN (advertised neighbor set sequence number) という値を保持する。広告隣接セットが更新されると ANSN の値を増やす。付属ネットワークセットは他の MANET ノードに付属するネットワークのネットワークアドレスとそこへ至るゲートウェイとなる MANET インタフェースの対応を示すものである。ここで，付属ネットワークとはノードの MANET インタフェース以外のインタフェースを経由してつながるネットワークのことである。ノードに付属ネットワークが追加・削除された場合も ANSN の値を増やす。

TC メッセージの最初のアドレスブロックは NHDP のローカルインタフェースブロックと同様でノードのすべてのインタフェースアドレスを含む。NHDP における OTHER_IF アドレスブロック TLV は使用しない。その他のアドレスブロックとして広告隣接セット（ANSN 付き）に含まれるすべてのアドレスとプレフィックス TLV，付属ネットワークセットのすべてのアドレスとゲートウェイアドレスブロック TLV，プレフィックス TLV を含める。各ノードは MANET インタフェースに対し広告隣接セットが空でない場合または付属ネットワークを持つ場合に，TC メッセージを周期的に生成・発信する[†]。加えて，ANSN 値が変化したときに送信してもよいが，与えられた最小送信間隔を守る必要がある。

各ノードは ANSN 履歴セットに，TC メッセージの生成元ごとにそのノードから過去に受け取った ANSN の最大の値を記録しておく。ANSN は，TC

---

† 広告隣接セットが空の場合，付属ネットワークの広告を自身の MPR に委任する方法もあり，この場合は TC メッセージを生成・発信しない。

から受け取るトポロジー情報の新鮮さを表すものであり，新鮮な内容を含むTCメッセージを受信すると関連するセットの更新を行う．

アドレスブロックとTLVを使用する汎用的なメッセージフォーマットの利用により，OLSRv1で使用されていたMANET外部へのインタフェースを広告するHNAメッセージは，OLSRv2ではTCメッセージに統合されている．OLSRv1のマルチインタフェースアドレスを広告するMIDメッセージはOLSRv2では，ハローとTCメッセージに統合されている．また，ハローやTCメッセージは複数のIPアドレスを運ぶ必要がありメッセージサイズが増大する．そこで2.6.2項に述べたアドレスブロックのサイズ圧縮を活用している．

2.6.5 DYMO[27]

DYMOはAODVとDSRの設計思想を引き継ぐもので，特にAODVをベースとする方式である．AODVでは，RREQ，RREPなどの機能ごとに固有のメッセージフォーマットを使用していたが，DYMOでは2.6.2項に述べた一般化されたパケット・メッセージフォーマットを採用している．AODVでは**プリコーサ**を保持し，RERRをプリコーサ宛にユニキャストするモードも用意されていたが，DYMOでは単純化のため，プリコーサを保持せず，RERRをブロードキャストするモードだけになっている．

DYMOの大きな特徴はオプションとしてRREQ，RREPの転送時，途中のノードがルーティング情報（ノードのアドレス，シーケンス番号，ホップカウント，インターネットへのゲートウェイ情報など）を付加できるようにしたことである．DSRには類似の機能が含まれているので，それを取り込んだ機能追加といえる．これによりルーティングメッセージを受け取った他のノードがそのノードへの経路を構築できることになり，経路探索の発動頻度を削減することが期待できる．また，プレフィックス長TLVを利用してネットワークアドレスの情報も付加することができる．例えば，付加されたノードの情報がアドレスA.B.C.1，プレフィックス長24であれば，アドレスA.B.C.Xの

ノードはMANETに直接参加するノードではなく，MANET参加ノードからA.B.C.1のノードを経由して到達可能である。

ルーティング情報の付加方式は上述のメリットを有する反面，発見された経路が利用されずタイムアウトにより削除される場合もある。また，RREQ，RREPのメッセージサイズが増える欠点があり，性能向上効果についてはケースバイケースになると考えられる。

2.6.6 SMF[28]

SMFはデータパケットをMANETの全ノードへ配送するためのネットワーク層のプロトコルである。マルチキャストと命名されているが，特定のマルチキャストグループへの配送は基本プロトコルの拡張として扱うことにより，基本プロトコルの単純化を図っている。したがって，実質は単純なフラッディングプロトコルにおいて生じる冗長な再ブロードキャストを削減する効率化フラッディングプロトコルである。**OLSR，TBRPF**のようなプロアクティブ型のルーティングプロトコルではルーティングメッセージの配送に効率化フラッディングプロトコルが利用されている（2.2.3項参照）。フラッディングプロトコルでは新たなパケットを受信したすべてのノードは再ブロードキャストを行うが，効率化フラッディングプロトコルでは限定されたノード群（リレーセット）のみが再ブロードキャストを行う。SMFはこれらのメカニズムをデータパケットの配送に取り入れることを可能にしている。

フラッディングプロトコルの基本として，新たなデータパケットを始めて受信したときのみ再ブロードキャストが必要であり，同じパケットを2回目以降に受け取った場合に，再ブロードキャストを禁止するため，重複パケット検出（**DPD**：duplicate packet detection）が必要である。このため，パケットに始点アドレスと終点アドレスの組ごとにシーケンス番号を与えて，各パケットの識別子とする。ノードは受信したパケットのシーケンス番号を始点アドレス・終点アドレス別に一定時間記録・保持し，同一シーケンス番号を受信すると重複パケットと判定する。この時間はデータパケットがMANETに広がる時間

2.6 MANET ルーティングプロトコルの標準化動向

の上限値を基に与えられる。シーケンス番号の格納場所として IPv4 ヘッダの ID フィールド，IPv6 ではホップバイホップオプションヘッダを用いることが考えられる。IPSec 利用時にはそのシーケンス番号を DPD に利用できる。

リレーセットの計算アルゴリズムとして，MPR，E-CDS（essential connecting dominating set）などを利用する。リレーセットの計算に 2 ホップ以内のノード情報が必要になる。これらの情報をルーティングプロトコルから得る方法と NHDP を利用して得る方法が考えられる。そのような情報が得られない場合には SMF は単純フラッディングプロトコルとして動作する。

3 メッシュネットワーク

　IEEE 802 は，有線 LAN の **Ethernet** を出発点として現在は，無線 LAN，無線 PAN，無線 MAN などの無線ネットワークに関する技術標準化を進めている。メッシュネットワークについても，2004 年に IEEE 802.11s において無線 LAN に関する検討が開始されている。

　本章では，IEEE 802 の中でオプション機能までを含めると詳細な仕様がすでに規定さている無線 LAN メッシュネットワーク IEEE 802.11s を中心に，メッシュネットワークの標準化の動向について述べる。

　無線 LAN メッシュネットワーク IEEE 802.11s においては，アクセスポイントが一つの単体の無線 LAN に関してこれまで標準化されてきた多くの仕様を利用する，あるいはその仕様に基づいて複数のアクセスポイントでマルチホップするメッシュネットワーク用に拡張している。そこで，3.1 節でまず単体の無線 LAN の概要とその標準化動向を述べ，3.2 節でメッシュネットワークにおける標準化方式について述べる。

3.1 無線 LAN の概要

　ここでは，単体ネットワーク，すなわち一つのアクセスポイントに端末が接続されて構成されるインフラストラクチャ **BSS** (basic service set) としての無線 LAN の技術と標準化の概要を述べる。多くの内容が，3.2.3 項で述べる無線 LAN メッシュネットワークでも採用されている。

（1）　**無線 LAN 標準化の変遷と IEEE 802.11 の今後の動向**　　1980 年代

3.1 無線LANの概要

末に，MotorolaがALTAIR，NCRがWaveLANの二つの無線LANを相次いで製品化した．しかし，これらの製品は，アクセスポイントに相当する制御装置のサイズが大きい，価格が高い割に伝送速度が遅いなどの理由で普及には至らなかった．これらの製品化がきっかけの一つとなって，無線LANの国際標準化活動が1990年代初頭に，米国のIEEE 802.11委員会と，ヨーロッパの **ETSI BRAN** (European Telecommunications Standards Institute Broadband Radio Access Networks) 委員会において開始された．図3.1に無線LANに関する標準化の経緯，図3.2に無線LANの標準化を進めているIEEE 802.11委員会の構成を示す．

```
1990年          1995年            2000年              2005年

1990           1994      1997    1999       2001      2008
IEEE 802.11   IrDAの規格を IEEE 802.11 IEEE 802.11b IEEE 802.11g IEEE 802.11n
委員会発足    802.11のPHY (1～2Mbps)  (～11Mbps)  (～54Mbps)  (100Mbps～)
ヨーロッパに  (物理層)規格 標準化                 標準化       標準化完了予定
おいてもETSI  の一つに採用           IEEE 802.11a
BRANにおいて                        (～54Mbps)
標準化検討開始                      標準化          2003
                                                  IEEE 802.11n
   ・ALTAIR (Motorola)                            (100Mbps～)
   ・WaveLAN (NCR)                                標準化検討開始
     が製品化
                                    1999   2001
              1993                  業界団体  Wi-Fi Alliance
              IrDA                  として   に改称
              (Infrared Data Association) WECAが
              発足                  発足
```

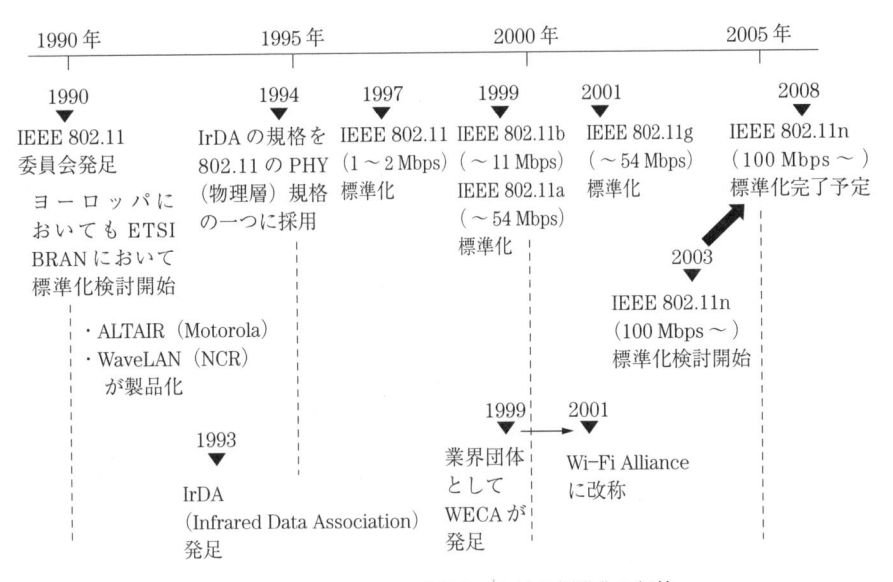

図 3.1 IEEE 802.11委員会における標準化の経緯

その後，1997年にIEEE 802.11，1999年にIEEE 802.11bと802.11aの仕様が標準化された．2000年以降のIEEE 802.11bの製品化とその急速な低価格化，普及に伴い，IEEE 802委員会とETSI BRANとの間の調整を経て，世界の無線LANは，IEEE 802.11仕様（物理層に相当するインフラとしての無線LANは，IEEE 802.11b/a/g）に一本化された．2001年には，

3. メッシュネットワーク

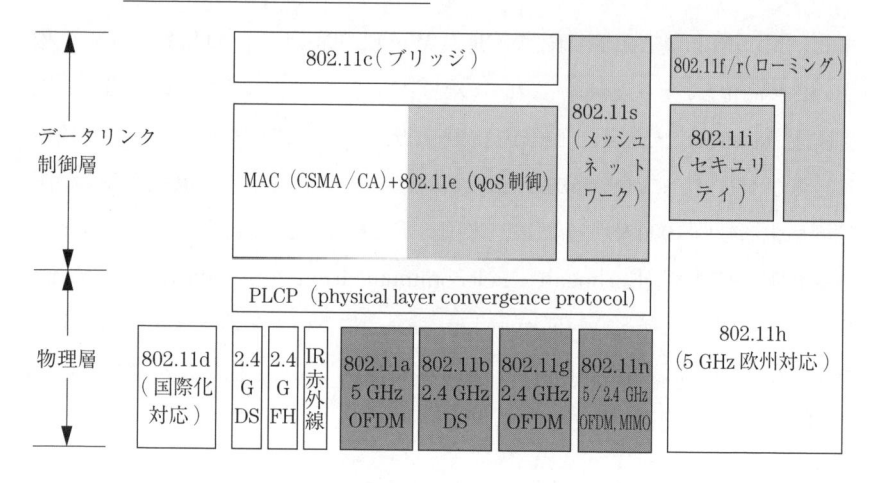

```
┌─────────┐  ┌──────────────────────────┐  ┌──────────────────┐
│         │  │   802.11c（ブリッジ）      │  │802.11f/r（ローミング）│
│データリンク│  ├──────────────────┬───────┤  ├──────────────────┤
│ 制御層   │  │                  │802.11s │  │                  │
│         │  │MAC（CSMA/CA）     │（メッシュ│  │ 802.11i          │
│         │  │ +802.11e（QoS制御）│ネット  │  │（セキュリティ）    │
│         │  │                  │ワーク）│  │                  │
│         │  ├──────────────────┴───────┤  │                  │
│         │  │PLCP（physical layer        │  ├──────────────────┤
│         │  │     convergence protocol）│  │                  │
│ 物理層   │  ├────┬──┬──┬──┬────┬────┬────┬────┤  │ 802.11h          │
│         │  │802.│2.4│2.4│IR │802.│802.│802.│802.│  │（5 GHz欧州対応）  │
│         │  │11d │GHz│GHz│赤外│11a │11b │11g │11n │  │                  │
│         │  │（国際│DS │FH │線 │5GHz│2.4GHz│2.4GHz│5/2.4GHz│  │                  │
│         │  │化対応）│  │  │   │OFDM│DS │OFDM│OFDM,MIMO│  │                  │
└─────────┘  └────┴──┴──┴──┴────┴────┴────┴────┘  └──────────────────┘
```

■：無線LANそのものの仕様　　■：ミドルウェアに相当する部分

図3.2　IEEE 802.11委員会のおもな構成

IEEE 802.11bとの互換性を保持しながら高速化するため，IEEE 802.11bと同一周波数の2.4 GHz，IEEE 802.11aと同じOFDM方式を採用したIEEE 802.11gが標準化された。表3.1にIEEE 802.11b/a/gの比較を示す。さらに，2003年には100 Mbps以上の高速無線LANの開発を目指したIEEE 802.11nが発足し，5 GHz帯を必須，2.4 GHz帯をオプションとして2008年に標準化が完了する。

IEEE 802.11仕様の無線LANに対しては，1999年に発足した業界団体 **WECA**（Wireless Ethernet Compatibility Alliance）を2001年に改称した **Wi-Fi Alliance**（Wireless LAN Fidelity Alliance）が，各業界へのプロモーションとともに，相互接続検証，仕様準拠製品認定を行っている。

なお，無線LANと呼ばれることはないが，IEEE 802.11においても検討がなされた赤外線を用いた無線通信については，1993年に業界団体として発足した **IrDA**（Infrared Data Association）が標準化を進めてきた。IrDAは，波長850～900 nmの赤外線による無線インタフェースの業界標準化を目指すコンソーシアムとして設立された。このIrDAによって標準化された方式が，当初のIEEE 802.11のPHY（物理層）規格の一つになった。IrDA方式には，

表 3.1 無線 LAN IEEE 802.11b/a/g の比較

	IEEE 802.11b	IEEE 802.11a	IEEE 802.11g
最大通信速度	11 Mbps	54 Mbps	54 Mbps
2次変調方式	CCK*	OFDM	OFDM
リンク速度	△	◎	○
電波距離	◎	△	○
同時使用チャネル（国内）	4	4	3
屋外仕様	○	×	○
電波干渉	△	◎	△
利用環境	・低速での利用	・屋内 ・端末数が多い ・2.4 GHz のノイズ源（Bluetooth, ZigBee, 電子レンジ等） ・遮蔽物が少ない	・屋内外 ・端末数が少なく特に高速を必要としない ・802.11b の端末と共存 ・遮蔽物が多い
備 考	安価で最も普及	将来的に高速化（802.11n）と屋外利用が可能に	802.11b の上位互換

* CCK：complimentary code keying，直接拡散方式（DS 方式，DS：direct sequence）を拡張して高速度化した変調方式

最低 1 m の通信距離で，最大 16 Mbps の伝送速度を目標とし，部品コストが安いというメリットがある．しかし，光の伝送の特徴である強い直進性（遮蔽物があるとシャドーイングにより通信できない）があり，送信側と受信側の軸調整が必要とされるなどの課題がある．このため，赤外線を用いた無線通信は，直進性の問題が大きな障害とならない，限定された場面での利用にとどまっている．

表 3.2 に IEEE 802.11 委員会における各 **TG**（task group）とその活動内容を示す．この中で，ユーザサービスを実現するための MAC レイヤのミドルウェアとして機能するのは，おもに IEEE 802.11e の QoS 制御，IEEE802.11f/r のローミング・ハンドオーバ，IEEE 802.11i のセキュリティ（認証については IEEE 802.1x），IEEE 802.11s のメッシュネットワークであるが，IEEE 802.11e/f/i の活動は，2004 年にはほぼ終結している．その後，2004 年に IEEE 802.11p/r/s，2005 年に IEEE 802.11T/u/v/w/y が発足した．

3. メッシュネットワーク

表 3.2 IEEE 802.11 における各タスクグループの活動

a	5 GHz 帯, 最大 54 Mbps の無線 LAN（OFDM）	終了
b	2.4 GHz 帯, 最大 11 Mbps の無線 LAN（CCK/DS-SS）	終了
c	MAC ブリッジ（802.1d）に無線 LAN の MAC 仕様を追加	終了
d	2.4 GHz 帯, 5 GHz 帯が利用できない地域向けの MAC, 物理レイヤ仕様	終了
e	**QoS 制御**（AV 通信向け。優先制御の EDCA と品質保証の HCCA）	終了
f	ローミング（アクセスポント/基地局間）	終了
g	2.4 GHz 帯, 最大 54 Mbps の無線 LAN（OFDM）	終了
h	11a に省電力管理と動的チャネルを追加（欧州向け仕様）	終了
i	**セキュリティ**レベルの高度化（802.11e から分離）	終了
j	日本における 4.9 GHz-5 GHz 利用のための仕様策定	終了
k	無線資源の有効活用の研究（radio resource measurement）	終了
m	802.11a と 802.11b 仕様の修正等	終了
n	次世代無線 LAN（100〜200 Mbps, ターゲットは 2006 年ごろ, 802.11a/b/g と何らかの下位互換性）。これまで HT-SG（High Throughput Study Group）で活動	
p	車などの移動体環境（ITS）における無線アクセス。IEEE 802.11a のハーフレート	
r	高速ローミング	
s	メッシュネットワーク	
t	テスト手法（仕様は IEEE 802.11.2）, 性能予測	
u	無線 LAN と他のネットワークとの相互接続。3 GPP, 3 GPP 2 との相互接続を検討	
v	ネットワーク管理。アクセスポイント MIB の規約化を検討	
w	制御信号を転送するための保護された管理フレーム	
y	競合ベースプロトコル（米国における 3.5 GHz 帯）	

■：無線 LAN そのものの仕様　　□：ミドルウェアに相当する部分

インフラとしての IEEE 802.11b/a/g の普及を経て, IEEE 802.11n による高速化とともに, 新たな展開に向け, **MAC**（media access control）層に対応する部分の拡張が進められている。現在議論が継続しているおもな TG は IEEE 802.11n と IEEE 802.11s である。

以下, ミドルウェア部分に相当する主要機能, および次世代の超高速無線 LAN に関する標準化状況について述べる。

（2）**QoS 制御**　　IEEE 802.11e は, 2001 年から 3 年間の検討を経て,

3.1 無線LANの概要　　*81*

2003年に大枠を仕様化した．2002年以前の仕様で不足していた機能を追加するとともに，全体を再体系化し主要な用語も一新している．アクセスポイントによるポーリングを用いた集中制御により品質を保証する**HCCA**（hybrid coordination function controlled channel access）と，自律分散制御に基づき優先制御を行う**EDCA**（enhanced distributed channel access）の二つの方式を規定している．図3.3に802.11e機器を含むネットワーク構成例を示す．

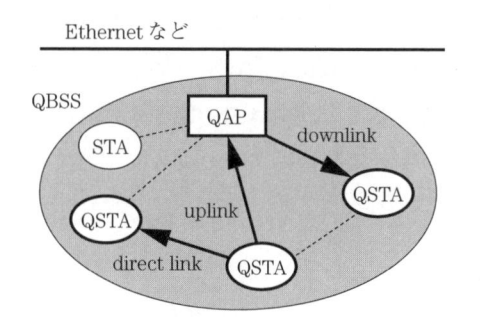

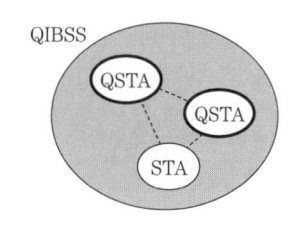

QBSS：QAP（QoS access point）を中心に形成されるinfrastructure BSS（basic service set）

QIBSS：QSTA（QoS station）を含むindependent BSS

図3.3　802.11e機器を含むネットワーク構成例

　HCCAは従来の**PCF**（point coordination function）に相当し，端末の優先度を考慮したスケジューリングを行い，送信を許可した端末に許可するチャネル使用時間が書かれたポーリングフレームを送信する．送信を許可された端末の送信中は，ほかの端末はアクセスを抑制され，QoSが保証される．HCCAはEDCAよりもつねに優先的にチャネルアクセス権を獲得し，各データストリームの種々の伝送遅延要求を満足するきめ細かなポーリングを行うことが可能になっている．

　EDCAは従来の**DCF**（distributed coordination function）に相当し，データの種別ごとにチャネルアクセス頻度に対する優先順位付けができるようになっている．サービス品質の差を付けるには，バックオフアルゴリズムで発生する乱数の範囲をアクセスカテゴリ（access category，優先順位に相当）ごとに変えればよい．すなわち，優先度が高いカテゴリのフレームは，乱数発生

範囲が小さく短い待機時間で送信することができる。

上記の説明のように，HCCA，EDCAはインターネットのQoS制御におけるRSVP（resource refervation protocol），Diffserv（differenciated services）にそれぞれ対応する。

また，EDCAでは，新たに特定のアクセスカテゴリに属する端末に対して一定時間のパケット送信権を割り当てるための**TXOP**（transmission opportunity）の概念を導入している．いったん特定のアクセスカテゴリに属する端末が送信権を獲得すると，その端末は，**TXOP Limit** [AC] と呼ばれる時間あるいは個数だけはパケット送信を継続することができる．図3.4にEDCAの実装モデルを示す．EDCAでは，図のように四つのアクセスカテゴリで優先レベル分けを行う．

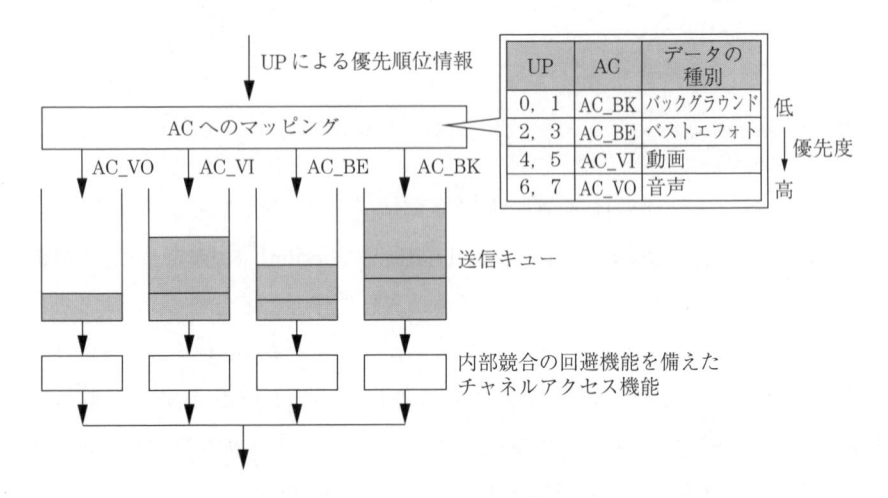

UP	AC	データの種別
0, 1	AC_BK	バックグラウンド
2, 3	AC_BE	ベストエフォト
4, 5	AC_VI	動画
6, 7	AC_VO	音声

UP（user priority，データに挿入される3ビットの情報），AC（access category）の関係

図3.4　EDCAの実装モデル

無線LANのIEEE 802.11bとIEEE 802.11a/gおよびACごとに，QoS制御に関する**AIFSN**，**CW**$_{min}$，**CW**$_{max}$，**TXOP Limit**の既定値をHCCA，EDCA共通に設定している．表3.3にIEEE 802.11a/gにおけるこれらの既定値，図3.5にHCCA，EDCAによるメディアアクセスメカニズムを示す．

3.1 無線LANの概要

表3.3 IEEE 802.11a/gにおけるHCCA, EDCAに関する既定値

	アクセスカテゴリ	AIFSN	CW_{min}	CW_{max}	TXOP Limit
	HCCA (QAP)	1	0	0	規定なし
EDCA	AC_VO	2	3	7	約1.5 ms
	AC_VI	2	7	15	約3 ms
	AC_BE	3	15	1023	1フレームのみ
	AC_BK	7	15	1023	1フレームのみ

AIFSN：arbitration interframe space number
CW：contention window　　QAP：QoS access point

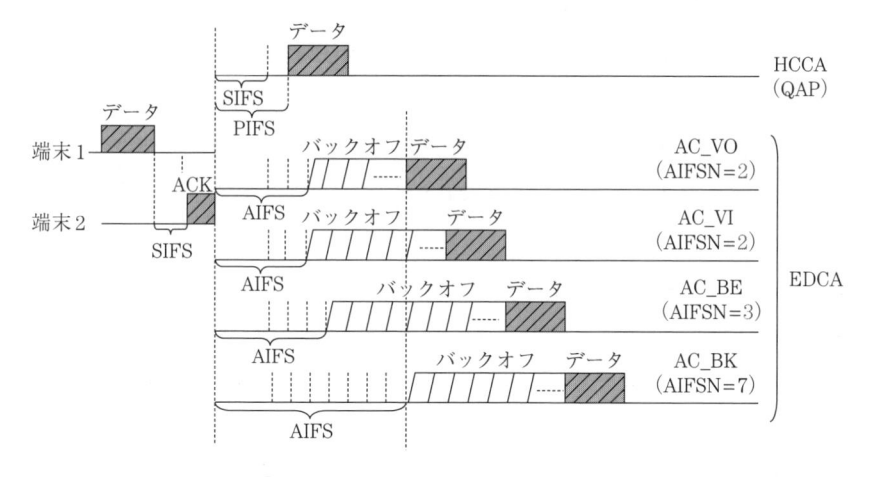

AIFS [AC] = SIFS + スロットタイム × AIFSN [AC]
PIFS = SIFS + 1 スロットタイム

AC：access category　　PIFS：point coordination function inter-frame space

図3.5　HCCA, EDCAによるメディアアクセスメカニズム

　ここで，CWは，バックオフの際にACごとに生成される乱数の範囲（0〜CW）として定義され，その最小値と最大値をそれぞれCW_{min}, CW_{max}で表す．CW_{min}, CW_{max}は，エラー発生状況に応じて増減制御する．図3.5に示すように，AIFSN [AC] は，ACごとの初期待ち時間 **AIFS [AC]** を決定する整数値で，図3.5の関係式で表す．

　これらのパラメータは3.2.3項で述べる無線LANメッシュネットワークIEEE 802.11sにおける輻輳制御でも使用される．このほかにも，以下のよう

なオプション機能が利用可能となっている。

① **DLP**（direct link protocol）　アクセスポイントを介さず，局（通信ノード）間で直接通信するための仕組み。DLP を設定した局間ではパワーセーブモードに入ることができない。

② **block ACK**　複数のデータに対して ACK を一括して返送する仕組み。データ送信側からの block ACK request パケット（ACK 状況を返送してほしい先頭フレームの ID 情報を含む）に対し，データ受信側は block ACK パケットを返送する。

③ **上位層同期**　上位層が共有している時計の任意の精度での時報情報をマルチキャストフレームとして送受信するための仕組み。

④ **APSD**（automatic power save delivery）　ビーコン単位より短い周期でパワーセーブを行う仕組みで，IEEE 802.11s のメッシュネットワークでも規定されている。

（3）**ローミング・ハンドオーバ**　ローミングは，事業者が異なる複数の無線 LAN が設置されたホットスポットのように，無線 LAN 間を携帯端末を持って移動するときにサービスを継続する，すなわち携帯端末の情報を用いて認証を最初からやり直さなくても済むシングルサインオン（**SSO**：single sign-on）を実現する機能として重要となる。IEEE 802.11f では，アクセスポイント間でのローミングを実現するためのアクセスポイント間のプロトコル **IAPP**（inter-access point protocol）が検討されたが，事業者間の調整が不成功に終わり 2001 年に活動を終了している。

IEEE 802.11r は 2004 年に発足した。IEEE 802.11f を吸収し，オフィスや病院，大学キャンパス等における **VoIP**（voice over IP）による **IP 電話**，テレビ会議をはじめとするリアルタイムアプリケーションに対して，通信品質の劣化を抑えることを目的として，アクセスポイント間での高速なハンドオーバを実現するための MAC レイヤの拡張を行う。このため IEEE 802.11r では，端末の移動後でも再度認証サーバに問い合わせずに済むように，アクセスポイント間で直接認証情報を交換するプロトコルが規定されている。

また，2004年のIEEE 802.11r発足とほぼ同時期に，無線LANに限らず有線LANのEthernet，無線PAN，無線MAN，携帯電話網も含めた無線ネットワーク間におけるハンドオーバ（サービス継続から音質・画像の品質劣化を抑える高速シームレスローミングまでを含み，media independent handover（**MIH**）と呼ぶ）に関する委員会として，IEEE 802.21が発足し，プロトコルの基本仕様が規定されている。

（4）**セキュリティ**　おもにMACレイヤにおける暗号化と認証の機能に相当し，認証部分についてはIEEE 802.1x，暗号と認証を含めたセキュリティ全体はIEEE 802.11iにおいて，すでに標準化は終了している。IEEE 802.11iの仕様は，無線LANメッシュネットワークIEEE 802.11sのシングルホップ部分にも採用されている。

（a）**暗号化**　1998年にIEEE 802.11委員会において，暗号方式の標準としてWEP（wired equivalent privacy）方式が提案された。しかし，その後WEPに対し，以下のような脆弱性が指摘された。

① 暗号鍵長が40ビット/104ビット
② 暗号アルゴリズムは低強度の**RC**（rivest cipher）**4**
③ 暗号鍵は一つのアクセスポイントに接続されたPCですべて同一
④ 暗号鍵はユーザが**ASCIIコード**で入力するが覚えやすい文字列になりがち
⑤ 暗号鍵を変更する機構がない

このためIEEE 802.11委員会は，2001年にWEPを置き換える新しい方式の検討に着手した。秘密鍵の長さを40ビットから128ビットへ，初期ベクトルも24ビットから48ビットへ，などの変更も含め，3年後の2004年にセキュリティ全体の標準を，IEEE 802.11iとして規定した。

IEEE 802.11iの暗号化に関する規定内容は以下に要約される。

① 次世代無線LAN暗号化プロトコル：**TKIP**（temporal key integrity protocol）
② 高強度暗号アルゴリズム：**AES**（advanced encryption standard）

3. メッシュネットワーク

TKIP は，temporal が示すようにパケットごと/一定時間ごとに暗号鍵の変更が可能で，integrity が示すようにメッセージ改ざん防止機能を有する。AES アルゴリズムを用いた **CCMP**（counter mode with cipher block chaining message authentication code protocol，データの改ざんを検出することが可能）を使用することが可能となっている。AES は，1970 年代から標準方式として多くのネットワークで採用してきた従来の **DES**（data encryption standard）に代わる，より高い強度の標準暗号方式として，米国が 2000 年に採用したアルゴリズムである。

（**b**）　認　証　　2001 年末に IEEE 802.1x として標準化された。IEEE 802.1x では，図 3.6 に示す **EAP**（extensible authentication protocol）と呼ぶ認証用のプロトコルを規定している。EAP には，ユーザ ID とパスワードに基づく簡易な **EAP-MD**（message digest）**5**，**PKI**（public key infrastructure）の仕組みを用いて第三者機関 **CA**（certification authority）によるサーバとクライアントの相互認証を行う高強度な **EAP-TLS**（transport

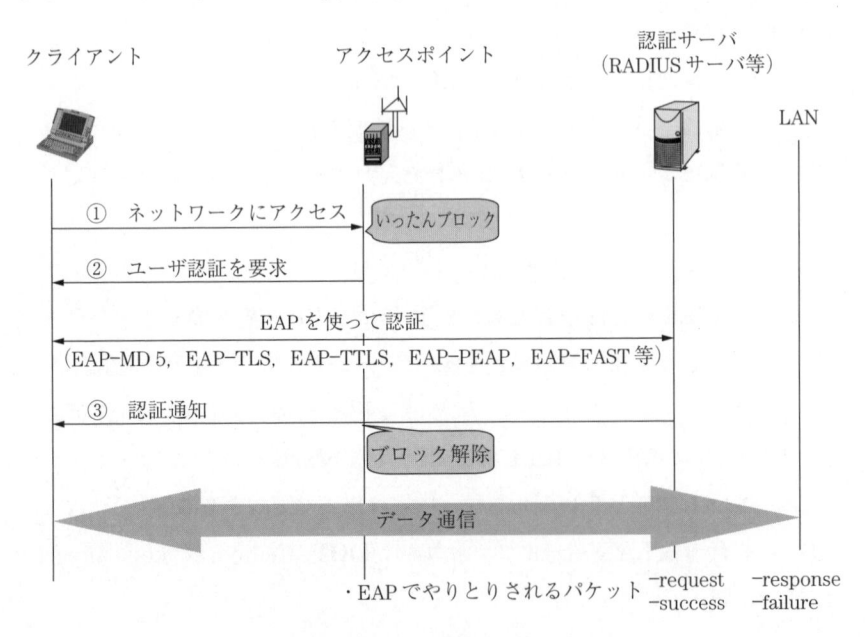

図 3.6　IEEE 802.1x を用いた認証プロセス

表3.4 802.1x 認証方式のおもな EAP の種類

種 類	概 要	長 所	短 所
EAP-MD 5	ユーザ ID とパスワードによるクライアント認証。アクセスポイントから送られてくるビット列（チャレンジ）と，自身のパスワードを基に算出したハッシュ値を認証に利用する。	実装が容易。	サーバ認証を行わないため，他の方式に比べセキュリティ強度が劣る。
EAP-TLS (RFC 2716)	電子証明書を利用した PKI による，クライアント認証とサーバ認証の相互認証方式。認証によって，認証サーバはユーザの公開鍵を確認し，これを暗号鍵の配信に用いて認証サーバと端末の間でユーザの暗号鍵を共有する。その後にアクセスポイントに端末と共有した暗号鍵を配送する。EAP-TLS では，RADIUS 相当の認証サーバと CA （certification authority, 証明機関）が存在し，認証サーバと各クライアントに，CA が証明書を前もって発行しておく。	電子証明書を利用するため，セキュリティを強固にできる。	サーバ側での電子証明書，およびクライアントに配布する電子証明書の管理が必要。
EAP-TTLS	EAP-TLS によるサーバ認証を実施した後，さらにユーザ ID，パスワードなど別の方法（RADIUS サーバでの認証）でクライアントを認証する。FunkSoftware などが提案。EAP-TLS は端末に対して CA が証明書を発行しなければならなかったが，EAP-TTLS では証明書が不要でパスワード方式を組み合わせて鍵配送する。パスワードを暗号化して，認証を行う相手に送信する。この方式ではサーバ側にしか証明書がいらないので，個々のユーザに対して証明書を発行する必要がない。その際，認証サーバと端末間がトンネル化される。鍵配送に関しては仕組みが似ている PEAP は，トンネル化される区間が異なり，TLS サーバまでしかトンネル化しない。	クライアント認証方式には PAP や CHAP などの既存の認証方式が利用可能。	サーバ側での電子証明書の管理が必要。
EAP-FAST	Cisco が開発した独自の認証方式。クライアント認証とサーバ認証の相互認証。AirMac (Apple) で実現。	実装済みの製品がすでに出荷されている。	Cisco 以外の製品とは原則として互換性がない。
EAP-PEAP	EAP-TLS 認証で認証後，EAP 自体をカプセル化して安全性を高めたうえで認証。Microsoft が提案。EAP-TTLS と非常に似ていて，パスワードを暗号化して，認証を行う相手に送信する。EAP-TTLS と同様，個々のユーザに対して証明書を発行する必要がない。しかし，その際 TLS サーバまでしかトンネル化しない。	アクセスポイント間でのローミング機能がある。	

MD 5：message digest algorithm 5　　TLS：transport layer security
TTLS：tunneled TLS　　FAST：flexible authentication via secure tunneling
PEAP：protected EAP　　PAP：password authentication protocol
CHAP：challenge handshake authentication protocol

layer security），および認証のための手数と強度の面でその中間に位置するいくつかのプロトコルが提案されている．表3.4に，おもなEAPを示す．

EAPについてIEEE 802.11iとしては，IETFにおいて**RFC**（request for comments）化されたEAP-TLSを推奨しているが，EAP-TLSは実装が重く処理負荷も大きいため，より簡易な他のプロトコルの使用も認めている．

また，IEEE 802.11iでは，認証と鍵配送については，IEEE 802.1xを使用する**RSN**（robust security network）を規定している．RSN内には認証サーバが存在する．認証サーバは，当面はダイヤルアップ接続の際に使うユーザ認証の仕組み**RADIUS**（remote authentication dial-in user service）サーバ，将来はIETFで標準化された**Diameter**を採用した**AAA**（authentication, authorization and accounting）サーバとなる．802.11i規格に準拠したアクセスポイントと端末は，IEEE 802.1xを用いた認証と，アクセスポイントと端末の組合せごとに固有の暗号鍵の使用，およびその更新が可能になっている．

（ c ） **Wi-Fi Alliance と WPA**　セキュリティ製品仕様に関しては，業界団体の Wi-Fi Alliance が，2002年にガイドラインとして認証部分も含む形で**WPA**（Wi-Fi protected access）を策定した．暗号部分については，WEPに代わり新たに上記のIEEE 802.11iの仕様を採用した．IEEE 802.11iに相当するセキュリティ全体のフル仕様は，**WPAv2**として推奨されている．WPAとWPAv2の仕様を**表3.5**に示す．

（5）**超高速無線LAN**　2002年5月にHT-SG（High Throughput -Study Group）が発足し，2003年9月にIEEE 802.11nが設置され，以下の要求条件が設定されている．

① PHY，MACの仕様検討により，**MAC-SAP**（service access point, MACレイヤのすぐ上位のレベルの実効伝送．IEEEではこのレベルもアプリケーションレベルと呼ぶ）でのデータ速度が100 Mbps以上最大600 Mbps（物理レイヤの変調方式による高速化は限界とされ，MACレイヤの変更が必須と考えられている）

3.1 無線 LAN の概要

表 3.5 WPA と WPAv2 の仕様

項　目	WPA	WPAv2（＝IEEE 802.11i）
Wi-Fi Alliance による人体作業開始時期	2002 年 2 月 (2003 年 8 月から Wi-Fi 認定の必須項目に)	2004 年 6 月
概　要	IEEE 802.11i のドラフト v3 の一部	IEEE 802.11i と同じ
データの暗号化方式	TKIP	TKIP, CCMP
ユーザ認証	IEEE 802.1x/EAP	
対象ユーザ	一般企業，個人	政府機関，一般企業で特に高度なセキュリティが必要な部署等
既存の製品の更新方法	ソフトウェアで更新可能	性能維持のためハードウェアの交換が必要
対応していない利用形態	アドホックモード，ハンドオーバ	特になし
その他の特徴	・WEP との下位互換性も規定 ・家庭等では IEEE 802.1x を使わないホームモードも利用可能	・CCMP の暗号化アルゴリズムには AES を用いる

CCMP：counter mode with cipher block chaining message authentication code protocol

② IEEE 802.11b/a/g などに対する下位互換性（バックワードコンパチビリティ，OFDM ベース）を持つ
③ 高周波数利用効率（1 Hz 当り 3 ビット以上）
④ 5 GHz 帯の利用が必須．2.4 GHz 帯はオプション

これらの要求条件を満たすための高速通信については，以下の各技術の適用が検討されている．これらのほとんどの基本技術が，第 4 世代携帯電話網（4G）や無線 MAN（**WiMAX**）と共通するものである．

① 複数バンド技術　　二つ以上のバンドを束ねて使用することで高速化（IEEE 802.11a，802.11b では 20 MHz 帯域が基本バンド）．
② 空間多重技術　　**MIMO**（multi input multi output）すなわち，複数のアンテナを用いて複数のデータを同時に送受信し，信号処理によってデータを復調．

③ 新誤り訂正技術　現在 IEEE 802.11a, 802.11g では拘束長 7 の畳込み符号が採用されている。IEEE 802.11n では，これらよりも訂正能力の高い誤り訂正符号として，第 3 世代携帯電話網で用いられているターボ符号や **LDPC** (low density parity check code，**低密度パリティ検査符号**) が採用される。

なお，IEEE 802.11n 準拠の超高速無線 LAN に関し，2003 年から 2004 年にかけて米国のベンダを中心に，Airgo 等が推す **WWiSE** (World Wide Spectrum Efficiency) と Intel や Atheros Communications 等が推す **TGn Sync** の二つの業界団体が相次いで設立された。2 年近い間，両者の間では競合状態が続いたが，2005 年に両者間の調整が決着し，2007 年にはすでに仕様の一部を実装した製品が出荷されている。2008 年に最終仕様が標準化される。

(6) **ITS 応用**　アドホックネットワークの最初の応用領域と予想される **ITS** (intelligent transport system，高度道路交通システム) に関しては，車々間，路車間ともに無線 LAN の技術をベースとした検討が米国において進められている。米国では，IEEE 802.11p として，5.9 GHz の **DSRC** (dedicated short range communication) を **WAVE** (wireless access in vehicular environments) の呼称で **VII** (vehicular infrastructure integration, 米国における ITS に対応) 向けに推進している。IEEE 802.11p の仕様

表 3.6　IEEE 802.11p の基本仕様

通信速度	3, 4, 5, 6, 9, 12, 18, 24, 27 Mbps (3, 6, 12 Mbps は必須)
変調方式 (1 次変調　2 次変調)	BPSK OFDM, QPSK OFDM, 16-QAM OFDM, 64-QAM OFDM (IEEE 802.11a と同じ)
誤り訂正符号	$K=7$ (64 states) 畳み込み符号
符号化率	1/2, 2/3, 3/4
サブキャリア数	52
OFDM シンボル数	8.0 μs
ガードインターバル	1.6 μs
占有帯域幅	8.3 MHz

のポイントは，**表 3.6** に示すように IEEE 802.11a のハーフレート（1次変調方式は速度によって各種適用されるが，2次変調方式は **OFDM** で最大通信速度は 27 Mbps），**IPv6** を使用する（**IPv4** の利用を想定していない理由は不明）。ヨーロッパでは，**C2C-CC**（Car-to-Car Communication Consortium）と呼ぶ業界団体において 2005 年より検討を進め，米国の仕様を採用の方向である。

一方，現在の日本の DSRC 仕様（**ETC** 向けが主）は，5.8 GHz 帯を用い，IEEE 802.11p に非準拠で独自の方式である。変調方式も **OFDM** と異なる **ASK**，**QPSK** である。アドホックネットワークへの応用には，欧米システムとの相互運用性も重要と考えられ，今後 OFDM の適用も含め新たな仕様の検討が必要となる。

（7） 保護された管理フレーム　　IEEE 802.11i の適用対象はデータフレームのみである。2005 年に発足した IEEE 802.11w では，ビーコンや電力制御等の制御信号を転送するために，盗聴や改ざんから保護された管理フレーム（protected management frame）の標準化を進めている。管理フレームについては，ビーコンや電力制御以外にも様々な使い方が考えられるが，無線 LAN メッシュネットワーク（後述の IEEE 802.11s）における利用が検討されている。例えば，無線 LAN メッシュネットワークにおいて，セキュリティ機能を提供する IEEE 802.11i の適用対象はデータフレームのみのため，ルーティングプロトコル等で用いられる制御情報を，IEEE 802.11w で規定した管理フレームで転送することが考えられる。

3.2　メッシュネットワークの標準化方式

3.2.1　ネットワークモデルと標準化動向

アドホックネットワークの構成については，IETF で標準化が進められている MANET WG や AUTOCONFIG WG では，基地局/アクセスポイントと端末というノードの区別をせず，ルーティング，オートコンフィグレーションに関する標準化を進めている。一方，1.7 節で述べたように，メッシュネット

ワークの名で製品化されているアドホックネットワークは，現在はそのほとんどが無線 LAN を利用した固定型，すなわち据置き型のアクセスポイントをメッシュ状に構成するものである．このようなネットワークでは，メッシュネットワークはアクセスポイントのみで構成し，端末はアドホックネットワークを構成・制御するノードにはならない．標準化に関しても，2003 年，2006 年にそれぞれ検討を開始した無線 LAN，無線 MAN によるメッシュネットワークではともに，近未来の実用化を想定し，当面固定型のみを対象としている．

無線 PAN，無線 LAN，無線 MAN のいずれも，各単体のネットワークにおける物理層の仕様の変更は極力行わず，MAC 層の拡張やプロトコル追加等によりメッシュ化のための機能を実現する方向で検討が進められている．

標準化については，2006 年末現在，メッシュネットワークに関する検討を本格的に進めているのは無線 LAN のみである．2004 年 5 月に IEEE 802.11 内にタスクグループ TGs（以下 IEEE 802.11s と記す）が発足し，2008 年中の標準化終了を目指している．

無線 PAN では，単体ネットワークとしては**表 3.7** のように，**Bluetooth，UWB，ZigBee** の 3 種類のネットワークの標準化が進められてきた．2006 年には，60 GHz のミリ波を用いた 2 Gbps を可能にする超高速 PAN の標準化が，IEEE 802.15.3c において開始された．図 3.7 に無線 PAN に関する標準化の経緯を示す．Bluetooth は，10 m で 1 Mbps の通信速度を目指して 1990 年代末から標準化が行われ，2001 年にバージョン 1.0（製品としてはバージョン 1.1，1.2），2004 年にバージョン 2.0 が策定された．その後も，通信媒体（物理層）に UWB を用いることなどの仕様拡張の議論を行っている．UWB は 100 Mbps 以上の高速 PAN，ZigBee は低速（250 kbps）ながら数百のセンサを接続し制御できる**センサネットワーク**を目指し，ともに 2003 年から 2004 年にかけて，IEEE 802 における物理層と MAC 層の標準化をほぼ終了している（UWB は標準を一本化できず 2006 年に解散）．このように 3 種類の PAN は，使用目的，通信特性，仕様が異なる．また，単体ネットワークでたかだか数十 m の距離をメッシュ構成で拡大しても数百 m 届くかどうかという距離に

3.2 メッシュネットワークの標準化方式

表 3.7 無線 PAN IEEE 802.15 の構成

TG	活動内容	対象ネットワーク
15.1a	1 Mbps 以上	Bluetooth
15.3	(high rate) 2.4 GH 帯を利用した 11〜55 Mbps のデータ通信 (2001 年に標準化終結)	
15.3a	(high rate, alternative PHY) 110 M〜1 Gbps	UWB (標準化できず 2006 年 1 月に解散)
15.3c	(high rate) ミリ波（60 GHz）帯で伝送速度 2 Gbps 以上を目指す	
15.4	(low rate) 10 Mbps 以下 省電力・センサネットワーク	ZigBee
15.4a	(low rate) 15.4 の alternative PHY 仕様の拡張と明確，高速センサネットワーク	UWB
15.4d	(low rate) 15.4 の alternative PHY UHF 帯のセンサネットワーク	ZigBee (RFID との調整要)
15.5	メッシュネットワーク（IEEE 802.11s と関連）	

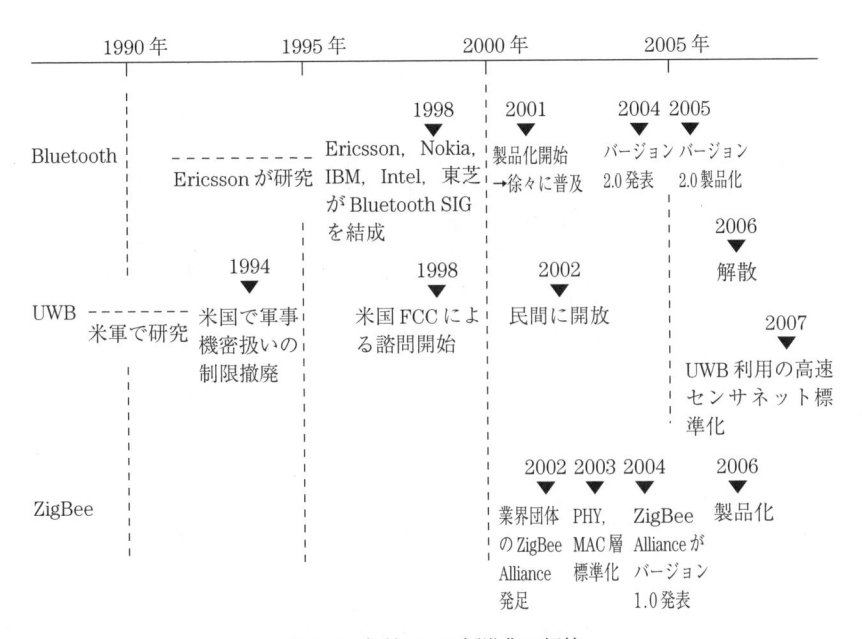

図 3.7 無線 PAN 標準化の経緯

なり,通信範囲の面でメッシュネットワーク構成によるメリットが見えにくい面がある。

無線 PAN における 3 種類のネットワーク共通のメッシュネットワークについては,2004 年に IEEE 802.15.5 が発足し検討を行うことになっている。しかし,このように多様な無線 PAN を対象とした統一的な制御方式やプロトコルの検討が難しい,マスタノード(集中管理ノード。ZigBee では ZigBee コーディネータに相当)間の中継による通信範囲拡大のメリットが見えにくい(たかだか数百 m までの通信範囲拡大では無線 LAN との差別化が難しい)などの理由で,まだ本格的な検討には着手していない。

無線 MAN も無線 LAN と同様,単体のネットワークとしてはマルチホップ機能はない。しかし,無線 MAN 単体ネットワークとして,2004 年の**固定 WiMAX**(IEEE 802.16-2004)に続いて 2005 年末の**モバイル WiMAX**(IEEE 802.16e)の標準化が終了した。その数か月後の 2006 年 5 月は,メッシュネットワークに相当する IEEE 802.16 の中に中継タスクグループ j(以下

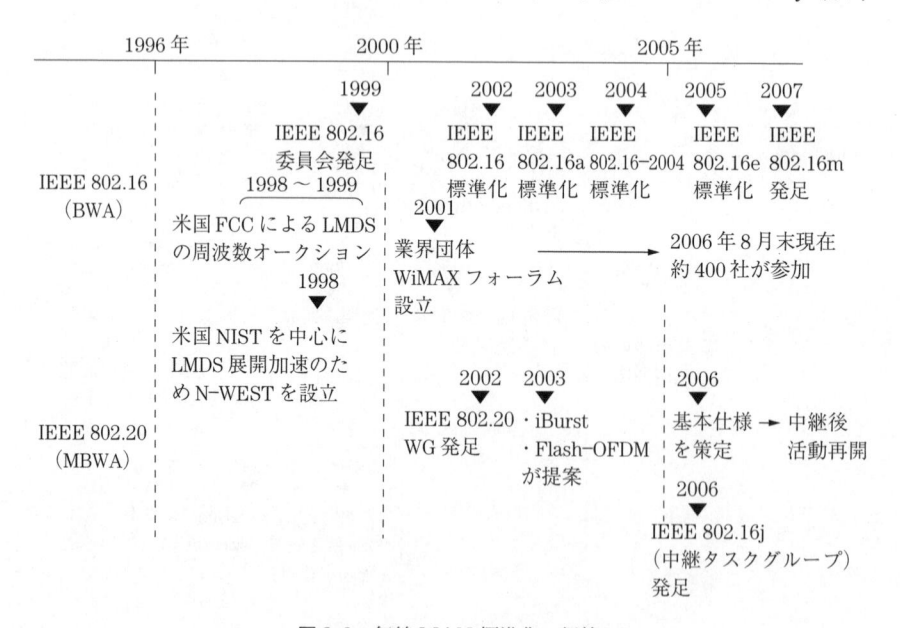

図 3.8 無線 MAN 標準化の経緯

IEEE 802.16jと記す)が発足した.さらに,2007年には,IEEE 802.16-2004, IEEE 802.16eよりも高速な通信が可能な次世代無線MANの検討を行うIEEE 802.16mが発足した.図3.8に無線MANの標準化の経緯を示す.

3.2.2 無線PANメッシュネットワーク

上記のように,3種類のネットワーク共通のメッシュネットワークに関する検討が,2006年末段階で本格化していないため,ここでは単体のネットワークとして,現在の仕様で唯一マルチホップ構成が可能でIETF MANETのプロトコルを採用しているZigBeeの概要を,アドホックネットワークの視点から述べる.

図3.9と表3.8にZigBeeのネットワーク構成,表3.9にネットワークのノードとなるデバイスの分類を示す.ZigBeeでは,**ZigBeeコーディネータ**と**ZigBeeルータ**のみがルーティングを行い,**ZigBeeエンドデバイス**(センサに相当)はZigBeeルータの配下に接続されルーティング制御は行わない.

ルーティングプロトコルとしては,リアクティブプロトコルの一つであるAODVを採用している.センサネットワークでは各デバイスにおける電力消

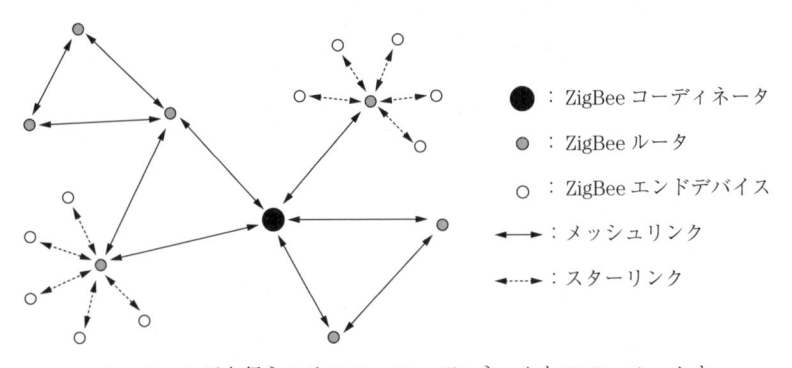

● : ZigBeeコーディネータ
◉ : ZigBeeルータ
○ : ZigBeeエンドデバイス
⟷ : メッシュリンク
⇠⇢ : スターリンク

ルーティングを行うのはZigBeeコーディネータとZigBeeルータすなわちFFDのみ.ルーティングアルゴリズムはAODV.
(IETF:MANETでRFC化されたリアクティブ型プロトコルの一つ)

図3.9 ZigBeeのネットワークモデル

表 3.8 ZigBee のネットワーク形態

ネットワーク形態	概　要	トポロジーの例
スタートポロジー	・最もシンプルな形態 ・最大 65 533 台まで接続可能	
クラスタツリートポロジー	・ツリールーティングのみ利用可能 ・ビーコンモードによる間欠動作可能 （すべての ZigBee コーディネータと ZigBee ルータがビーコンモードで動作するため，アクティブ期間が重なって衝突が多発しないように，近隣の ZigBee ルータ，ZigBee コーディネータ間で調整する必要がある） ・ルータが間欠動作するため転送遅延が大きい （マルチホップ時は転送遅延が蓄積されてさらに遅延が大きくなる）	
メッシュトポロジー	・ツリールーティングもテーブルルーティングも利用可能 ・テーブルルーティングはツリールーティングに比べ ―効率の良いルーティングが可能 ―ビーコンモードによる間欠動作ができない ―ルーティングテーブルを保持するためのメモリが必要（省電力，コストの面で劣る）	

● : ZigBee コーディネータ　　● : ZigBee ルータ　　○ : ZigBee エンドデバイス

費を迎えることがきわめて重要となるが，プロアクティブプロトコルでは定期的にハローメッセージを隣接ノードと交信するための制御パケット数が多くなり電力消費がリアクティブプロトコルよりも相対的に大きい。このためリアクティブプロトコルの AODV が採用された。センサネットワークでは，シンクノード（sink node。ZigBee では ZigBee コーディネータに相当）からのセンサへの指示等に基づき，センサ群からのセンスデータをシンクノードに集めるトラヒックが主体である。シンクノードからは，ZigBee エンドデバイスを配下に接続する ZigBee ルータ群にブロードキャストまたはマルチキャストの通信が行われる。

今後，ZigBee をはじめとするセンサネットワークが実用される時点では，マルチキャストプロトコルも重要になると思われる。2007 年に検討が始まっ

表3.9 ZigBee のデバイスタイプ

論理デバイスタイプ	説　明	物理デバイスタイプ
ZigBee コーディネータ	・ZigBee ネットワークの初期化を行うデバイス ・一つの ZigBee ネットワーク内に一つだけ存在する（センサネットワークのシンクノード） ・ZigBee ルータとしての機能も果たす	FFD ・すべてのネットワークトポロジーに対応した機能 ・すべてのデバイス（ノード）と通信可能 ・コーディネータの動作も可能 ・ルーティング機能を有する
ZigBee ルータ	・マルチホップ通信のためのメッセージの転送を行う機能を持つデバイス ・配下に ZigBee エンドデバイスを接続可能	FFD （同上）
ZigBee エンドデバイス	・特定の一つのルータとのみ通信を行う ・メッセージの転送は行わない（ZigBee ネットワークの末端ノード，すなわちセンサ）	RFD ・末端デバイスとしてのみ動作（ルーティング機能なし） ・FFD とのみ通信可能 ・最小限のリソースとメモリ容量で実現 ・単純なデバイス（電灯スイッチ，受動センサなど）

FFD：full function device　　RFD：reduced function device

た ZigBee の新しい仕様（ZigBee Pro）では，マルチキャストプロトコルについても記述されている。

3.2.3　無線 LAN メッシュネットワーク

2003 年に標準化のための検討を開始し，2004 年 5 月に IEEE 802.11s が発足した。2005 年から 2006 年にかけてのダウンセレクション（標準仕様への選定作業。当初の提案は全体で 15 件，アーキテクチャに関するものが 4 件）を経て，2006 年 3 月にドラフトバージョン 0.01 として基本アーキテクチャが一本化され，2008 年中の標準化終了を目指している。標準仕様については，特定の利用環境で性能を向上させるオプション機能までを含めると，2006 年 12 月末の段階ですでに，以下に述べるように詳細が規定されている。

IEEE 802.11s ではルーティングプロトコル等の機能を無線 LAN の MAC

層に実装することを想定している。これは以下の理由による。各主要機能のリアルタイムな連携と無線 LAN ハードウェアへの影響を考慮すると，通常ソフトウェアドライバで構成し，無線リソースへ直接アクセスすることが可能な MAC 層でメッシュネットワーク技術を実現することが有効である。このため，すでに普及した無線 LAN ハードウェアを有効に活用できる。

また，無線 LAN メッシュネットワーク機能を持たない従来の無線 LAN 装置を収容する機能もサポートし，既存ネットワークからの移行を十分考慮している。

（1） 目標と要件　　無線 LAN メッシュネットワークとは，複数の無線機器が相互に接続し，網の目（メッシュ）のように通信を行うアーキテクチャをもつネットワークで，当面は近未来の AP（access point，アクセスポイント）間でマルチホップ通信を行うことを特徴とする，と定義し

① 異なるベンダ間での相互接続性を保つための標準プロトコル策定
② WDS（wireless distribution system）フレームを活用
③ 無線特性を考慮したルーティングプロトコル（パス選択プロトコルと呼ぶ）策定

を目標としている。

この背景としては，IEEE 802.11 の標準規格では無線 LAN の AP 間でデータパケットの交換を行うため，四つのアドレスフィールドを有する WDS フレームフォーマットをすでに一部規定している。しかし，メッシュネットワークにおけるその設定方法や使い方が明確ではなく，マルチホップの構成をとる無線 LAN メッシュネットワークにおいて，WDS フレームを用いてデータを所望の宛先に転送するために必要なルーティングプロトコル等の技術については規定されていない。このため，表 1.4 に示したように，各社製品に実装されている独自方式が中心で，相互接続性が確保されていない。しかし，標準仕様においては，既存の WDS もしくはその拡張フレームフォーマットの利用は必須である。

また，現在でも無線 LAN のさらなる高度化が進められ，例えば 3.1 節で述

べたように，物理層の高速化を検討している IEEE 802.11n では最大無線伝送速度が 600 Mbps を超える無線方式の標準化を進めている．これらの技術を実装したハードウェアを有効に活用するうえで，物理層の無線の特性や MAC 層に与える影響を十分考慮する必要がある．

以上の目標に基づき，IEEE 802.11s では標準化すべき機能として，表 3.10 に示す 14 の必要機能要件を設定している．レイヤ 2 でのルーティング機能の実装（IETF の MANET WG ではレイヤ 3 の機能），マルチチャネルや無線特性を考慮したリンクメトリックを特徴としている．その他の要求機能として，メッシュネットワークの発見および登録処理機能や，既存の無線 LAN サービスとの整合性の保証がある．このため，STA への変更を要求する技術，IEEE 802.11r で規定されている高速ハンドオーバ技術，IEEE 802.11e で規定されている DLP（direct link protocol）など AP と STA 間の処理を対象とする技術に対する改変は検討対象外である．

（2）利点と課題　無線 LAN メッシュネットワークの利点としては，下記が挙げられる．

表 3.10　無線 LAN メッシュネットワークの必要機能要件

名　称	要求事項
・メッシュトポロジー検出	・トポロジーの自動学習
・メッシュルーティング	・MAC アドレスによるルーティングとルーティングパスの自動設定
・拡張可能なアーキテクチャ	・アプリケーション要求に基づくパス選択手法
・メッシュブロードキャスト	・MAC 層でのブロードキャスト/ユニキャスト
・メッシュユニキャスト	・MAC 層でのユニキャスト
・シングル/マルチ RF	・一つ以上の RF デバイスのサポート
・ネットワークサイズ	・少なくとも 32 メッシュポイントのサポート
・メッシュセキュリティ	・IEEE 802.11i の利用もしくはその拡張
・無線を考慮したリンクメトリック	・MAC/PHY のエラー率，ノイズ，遅延などの統計情報をメトリックとして活用
・後方互換性（バックワードコンパチビリティ）	・既存 STA への変更要求なし
・WDS フレーム拡張	・WDS の 4 アドレスの活用もしくは拡張フレームの活用
・MP 検出と接続	・メッシュポイントの検出やアソシエーション
・物理層の無変更	・既存の物理層は変更しない
・上位レイヤとの互換性	・既存無線 LAN セグメントとして扱えることと IP の互換性

① 設置の容易性　バックボーンの有線ネットワークが敷設されていないところでも，メッシュ機能を有するノード（AP）を設置するだけで広範囲にわたって無線ネットワークの構築が可能となる。

② 柔軟な拡張性　各ノードが自律的に隣接ノードを検出しネットワークを構成することにより，無線エリアの拡大，縮小に柔軟に対応することが可能になる。この機能は自己組織化（self-organizing）機能と呼ばれる。

③ 冗長構成による信頼性の向上　メッシュ状のトポロジーを形成するという冗長構成により，迂回経路等の複数のパスを確保することが可能になる。このため，障害発生時や電波環境の変化に対して柔軟にパスを切り替えることで，ネットワークの信頼性を向上させることができる。また，従来の単一ホップの無線 LAN では，ネットワーク全体を統括する AP が故障すると，無線 LAN 全体が動作不能という SPF（single point of failure）に陥ることになったが，この面でも信頼性の向上につながる。この機能は自己修復（self-healing）機能と呼ばれる。

④ 通信距離短縮による高速化　将来，端末がマルチホップ機能を持ったときの利点になるが，隣接する端末どうしが接続するため，通信距離を短縮できることにより，高速な通信が可能になる。従来はすべての端末をAP に接続する必要があった。

⑤ 消費電力の低減　1.8.2 項で述べたように，通信に要する送信出力は通信距離の 2～5 乗に比例する関係がある。当面は電源が供給される AP のみがマルチホップ制御を行うため大きな利点とはならないが，将来携帯電話などの移動端末がマルチホップ機能を有するようになると，通信距離の短縮は大きな利点となる。

⑥ 周波数の空間的再利用によるネットワーク容量の増大　無線 LAN メッシュネットワークの代表的な課題として隠れ端末や晒し端末問題によるスループット特性の劣化抑制，輻輳制御，QoS 制御，相互接続性確保，物理層の状況（無線特性）のメトリックへの反映等が挙げられる。これらの課題を解決し，無線 LAN メッシュネットワークの利点を生かすには，

ルーティングプロトコルと，MAC層に実装されている無線リソース管理機能，無線制御機能等の主要機能がリアルタイムに連携して動作することが重要である．

（3）**適用領域** 無線LANメッシュネットワーク技術は様々な利用環境での適用が想定される．一般的にそれぞれの利用環境により最適なルーティングプロトコルは異なる．そのため，IEEE 802.11sでは提案技術を評価するうえで**ホームネットワーク，オフィスネットワーク**，アドホックネットワーク，キャンパス/公衆アクセスネットワーク，公共安全ネットワーク，軍事ネットワークの六つの利用モデルに分類している．**表3.11**に，主検討対象としている四つのネットワークの特徴を示す．

（4）**ノードの種類とネットワーク構成** IEEE 802.11標準規格では二つのオペレーションモードである**IBSS**モードとインフラストラクチャモードを規定している．アドホック（IBSS）モードでは，**図3.10**(a)に示すように，直接通信できる端末間で1ホップのアドホックネットワークを構成する．インフラストラクチャモードでは，図(b)に示すように，端末がAPを経由して

表3.11 無線LANメッシュネットワークのおもな適用領域

適用領域	説明
ホームネットワーク	家庭内の情報家電，PC，AP等を相互に結ぶネットワーク．家庭内ではビデオ配信など高スループットを要求するアプリケーションに対応する低コストのネットワーク構築が必要となる．ネットワーク管理者が存在しないため，ネットワークの自律的な構築，維持が簡易な操作性で実現することが要求される．
オフィスネットワーク	小規模から大規模の企業内LANを対象．小規模オフィス（SOHO）ではネットワーク管理者が存在しないため，ホームネットワークと同様に自律的なネットワークの構築，維持が要求される．大規模ネットワークではネットワーク管理者がネットワーク全体を管理するため，集中的な管理機構が必要となる．
キャンパス/公衆アクセスネットワーク	大学のキャンパスや商業地域での展開を想定しており，屋外を含む広域なサービスエリアを提供するネットワーク．公衆アクセスサービスはいわゆるホットスポットであり，従来の点としての単体ネットワークのホットスポットがメッシュ化によって面展開されて広域化することになる．
アドホックネットワーク	複数の移動端末間で簡易に作るネットワークで，携帯型のゲームなどへの適用を想定．

(a) アドホック(iBSS)　(b) インフラストラクチャ　(c) メッシュネットワーク
　　モード　　　　　　　　　モード

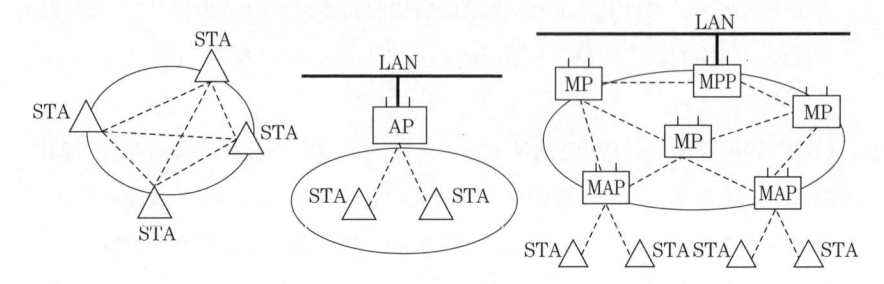

図 3.10　IEEE 802.11 無線 LAN ネットワークの構成

データを転送する 2 ホップのネットワークを構成する。IEEE 802.11s で規定する無線 LAN メッシュネットワークは図(c)に示すように，複数の装置が相互に接続してマルチホップの無線ネットワークを構成する。このとき，装置間のデータは WDS フレームを用いて交換される。

無線 LAN メッシュネットワークは，表 3.12 に示す 4 種類のノード（装置）で構成される。ZigBee とは，ZigBee コーディネータ＝**MPP**，ZigBee ルータ＝**MP**，ZigBee エンドデバイス（センサ）＝**STA** の対応関係がある。

表 3.12　無線 LAN メッシュネットワークにおけるノードの種類

ノード	説　明
MP (mesh point)	無線 LAN メッシュネットワークを構成するために必要なメッシュ機能を実装したノード。STA は収容しない。 MP の機能はソフトウェアによって実現でき，PC や情報家電機器，AP，携帯端末等に実装される。
MAP (mesh access point)	メッシュ（MP の）機能と AP の機能を実装した装置ノード。MAP は無線 LAN メッシュネットワークを構築するだけでなく，メッシュ機能を実装していない無線 LAN 端末である STA からの接続を収容する機能も提供する。
MPP (mesh portal collocated with a mesh point)	メッシュ機能と，無線 LAN メッシュネットワークから他のネットワーク（他の無線 LAN メッシュネットワークも含む）等の異なる DS (distribution system) との接続のためのゲートウェイ機能を実装したノード。
STA (station)	メッシュ機能を有さない従来の無線 LAN 端末

これらのほかに，MP の中で近接ノードとのみ通信でき，ルーティング機能を持たない MP として LWMP (light weight MP) が定義されている。

3.2 メッシュネットワークの標準化方式

IEEE 802.11sでは32台程度のMPで構成される小-中規模の無線LANメッシュネットワークを想定している。実際には各MPにSTAが接続するため，ネットワーク全体の収容端末数は数百台規模となる。また，複数の無線LANメッシュネットワークが有線ネットワークを経由，もしくは直接接続す

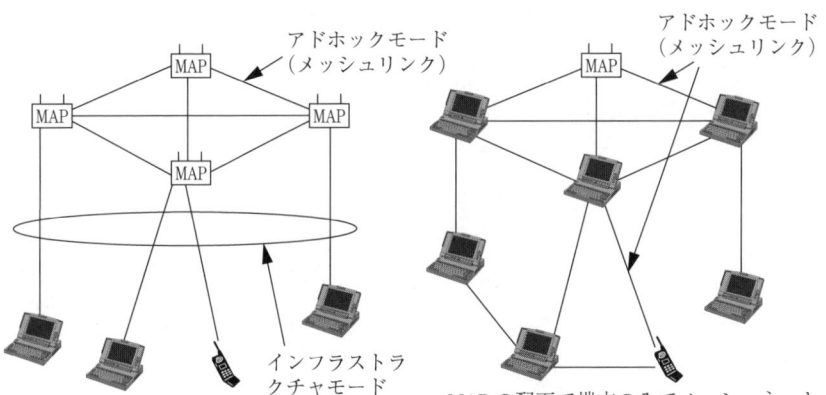

- 端末は従来インタフェース（インフラストラクチャモード）でAPに接続
- AP間の配線コストを削減

（a）タイプ1：AP間メッシュネットワーク

- MAPの配下で端末のみでメッシュネットワークを構成（端末にルーティングプロトコルを実装）
- ネットワークインフラ不要

（b）タイプ2：端末間メッシュネットワーク

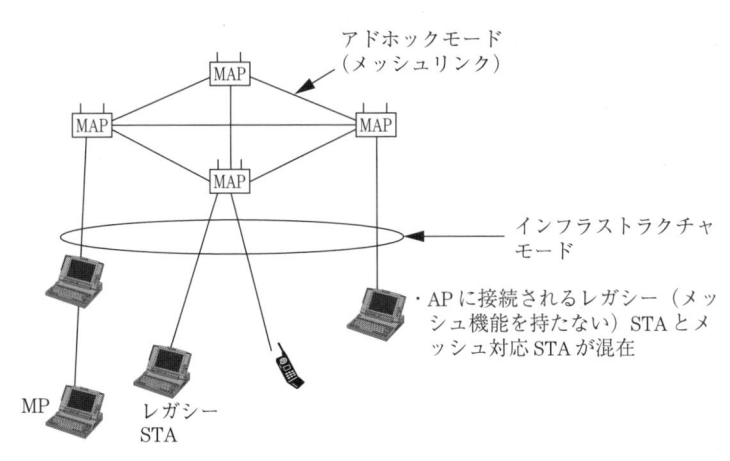

- APに接続されるレガシー（メッシュ機能を持たない）STAとメッシュ対応STAが混在

（c）タイプ3：タイプ1とタイプ2のハイブリッド

図3.11 メッシュネットワークの分類

ることにより，無線 LAN メッシュネットワークの規模を拡大することが可能である．

メッシュネットワークの形態については，図 3.11 に示すような 3 種類に分類している．当面は，タイプ 1 のみを対象としている．

（5） ノードの機能構成と各モジュールの概要　無線 LAN メッシュネットワークのアーキテクチャに相当する，ネットワークを構成する各ノードの機能構成を図 3.12 に示す．

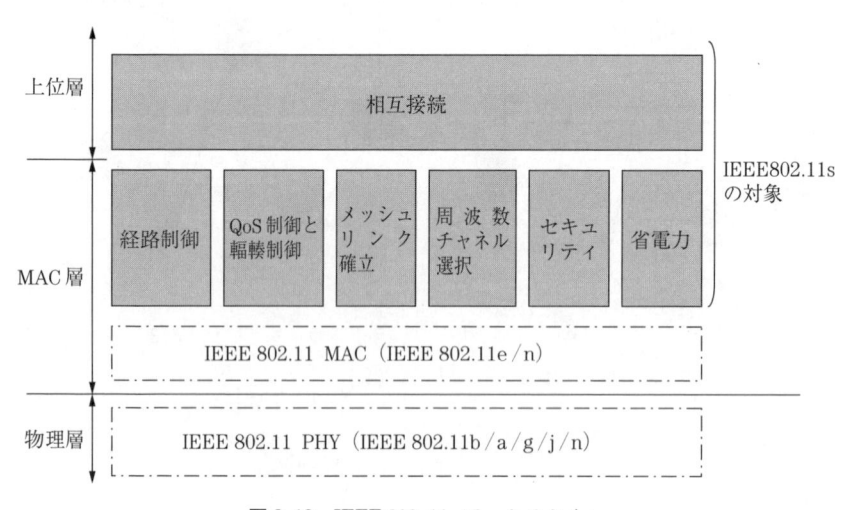

```
上位層  │ 相互接続
       │
       │ 経路制御 │ QoS制御と │ メッシュ  │ 周波数   │ セキュ │ 省電力   │ IEEE802.11s
MAC層  │         │ 輻輳制御  │ リンク    │ チャネル │ リティ │         │ の対象
       │         │           │ 確立      │ 選択     │        │         │
       │ IEEE 802.11 MAC （IEEE 802.11e/n）
物理層 │ IEEE 802.11 PHY （IEEE 802.11b/a/g/j/n）
```

図 3.12　IEEE 802.11s アーキテクチャ

（6） 主要技術と標準仕様　図 3.12 の網かけの各部分に対応した主要技術の標準仕様について説明する．まず，IEEE 802.11s で規定された，無線 LAN メッシュネットワークにおける MAC フレームのフォーマットを図 3.13 に示す．物理層に対する変更，指向性アンテナのアルゴリズム・動的制御，IP アドレス付与等の上位層に関係する技術は，IEEE 802.11s における標準化の対象外である．

（a） 経路制御　ルーティングプロトコルを MAC 層に実装することにより，物理層の無線制御機能とのリアルタイムな連携を可能にしている．多数のルーティングプロトコルやメトリックが提案されている．最適なルーティング

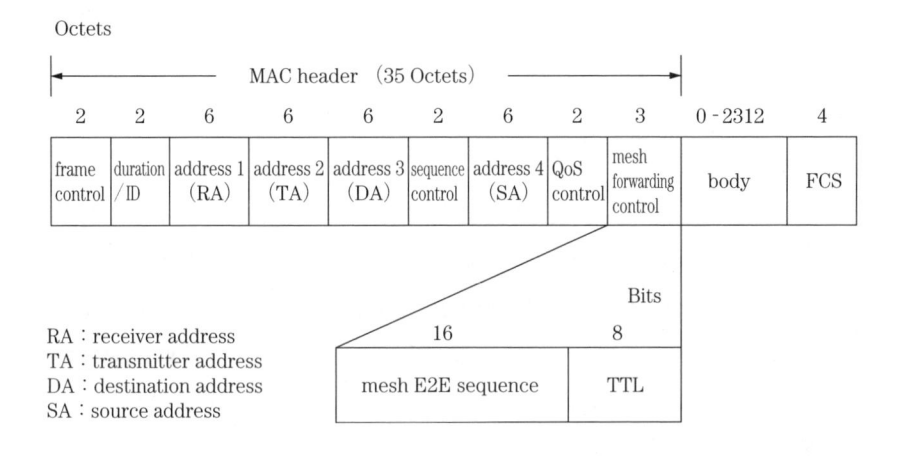

3.2 メッシュネットワークの標準化方式

```
Octets
|←          MAC header (35 Octets)          →|
  2      2     6      6      6      2      6      2      3      0-2312   4
┌──────┬─────┬──────┬──────┬──────┬──────┬──────┬──────┬──────────┬──────┬─────┐
│frame │dura-│address 1│address 2│address 3│sequence│address 4│QoS │mesh      │      │     │
│con-  │tion │(RA)  │(TA)  │(DA)  │control │(SA)  │control│forwarding│ body │ FCS │
│trol  │/ID  │      │      │      │        │      │       │control   │      │     │
└──────┴─────┴──────┴──────┴──────┴────────┴──────┴───────┴──────────┴──────┴─────┘
```

RA：receiver address
TA：transmitter address
DA：destination address
SA：source address

```
                              Bits
                  16           8
           ┌──────────────┬─────────┐
           │mesh E2E sequence│  TTL  │
           └──────────────┴─────────┘
```

・frame control：type と sub-type でデータフレームを識別
・mesh E2E sequence：エンドツウエンドのシーケンス番号
・TTL：ホップごとに減算され，'0' になるとフレームを廃棄

図3.13 MACフレームフォーマット

プロトコルや**メトリック**は利用モデルにより異なる。さらに将来の技術発展や各企業独自プロトコルの実装も想定される。このような背景から，必須のルーティングプロトコルとメトリックを規定することにより相互接続性を確保し，拡張性のあるフレームワークを用いて様々なルーティングプロトコルとメトリックの実装を可能にする提案が行われている。

1) 拡張性のあるフレームワークとプロファイル　ルーティングプロトコルと無線メトリックの組合せはプロファイルとして定義され，各MPにより選択されたプロファイルは**ビーコン**もしくは**probe response フレーム**に挿入される information element を用いて近隣MPに通知される。MPは，利用用途に応じて必須以外のプロファイルも独自の判断で選択することが可能である。各無線LANメッシュネットワークでは異なるプロファイルを選択する可能性はあるが，特定の無線LANメッシュネットワークに属するすべてのMPは同一のプロファイルを選択する必要がある。

2) ルーティングプロトコル　MPの機能は，将来はPC，情報家電，デバイス，AP，携帯端末等の様々な種類の機器に実装され，構築するネット

ワークはスタンドアロン型やインフラ型等の異なる形態を有する．このため，相互接続の確保に必要な必須ルーティングプロトコルは，様々なネットワーク形態において十分な性能を発揮するとともに，低消費電力で実装が軽量なプロトコルが望まれる．

必須プロトコルについては，このような要求条件を満たすプロトコルとしてオンデマンド（リアクティブ）型のルーティングプロトコルが候補となった．テーブル駆動（プロアクティブ）型では，つねに経路制御テーブルを作成しておく必要があるため，各ノードは一定間隔ごとに近隣ノードと接続確認のパケットを交信する．この制御パケットの交信により，各ノードの電力消費が大きくなる．

しかし，オンデマンド（リアクティブ）型のルーティングプロトコルの一つである **DSR** のように，中継経路の情報をデータフレームに挿入するソースルーティング方式は，フレームフォーマットに大幅な変更が要求される．このため，AODV を改良した **RM-AODV**（radio metric AODV）に，プロアクティブ型の要素を追加した **HWMP**（hybrid wireless mesh protocol）が採用されている．標準プロトコルをまとめて**表 3.13** に示す．

表 3.13 標準ルーティングプロトコル

必　須	HWMP （ルートノードの有無によりリアクティブ型とプロアクティブ型を切替え） ・ルートノードがない場合：RM-AODV（リアクティブ型） ・ルートノードがある場合：RM-AODV＋TBR（リアクティブ型とプロアクティブ型のハイブリッド）
オプション	RA-OLSR

HWMP の基本動作は RM-AODV であるが，インフラストラクチャ型の固定的なネットワーク構築時等に MP が存在し，かつその MP がルートノードとして設定された場合には **TBR**（tree base routing）を用いる．TBR では，MP をルートノードとするツリー型のパスを事前に確立する．ルートノードが存在しない場合は，2 章で述べた AODV に下記の無線メトリックを加味した経路制御になる．図 3.14 に RM-AODV における経路発見の例を示す．この

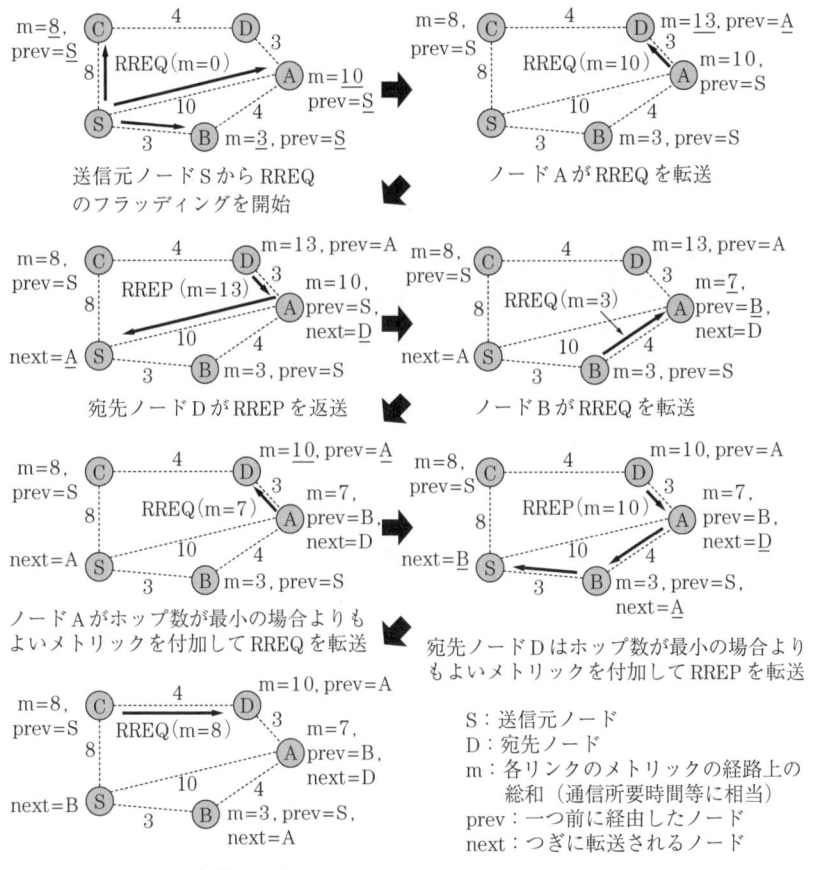

3.2 メッシュネットワークの標準化方式　　107

図3.14 RM-AODV においてホップ数が最小でない経路が設定される場合の例

図では各リンクに付けられた数字がメトリックを示す．通常の AODV ではホップ数が少ない経路が選ばれるが，この例ではホップ数が多くてもメトリックが最小の経路が選択される．**図3.15**にルートノードがある場合の TBR における通信の様子を示す．

また，大半のトラヒックがゲートウェイを介して外部のネットワークに向かっている場合は，ゲートウェイ機能を含む MPP をルートノードとして設定

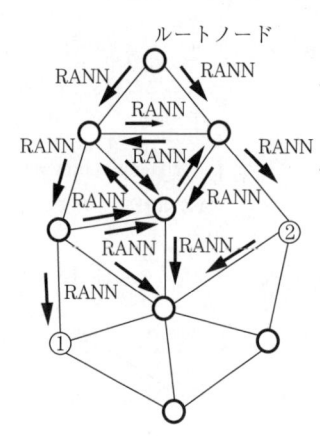

- ルートノードは定期的に RANN（route announce）を送信し，RANN は MP により再送される
- 各 MP は親 MP を選択する

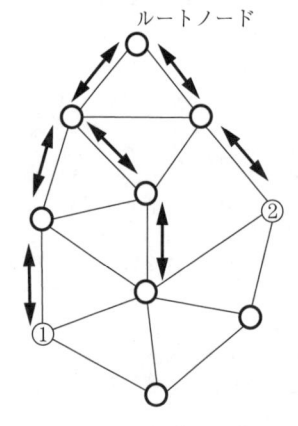

- これによりルートノードと MP との間にツリー状の経路が作成される

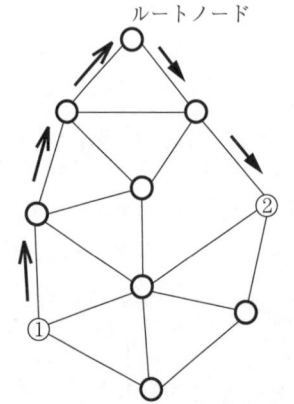

- MP1 はルートノードへの経路を知っているので，ルーティングテーブルに MP2 のエントリがない場合，ルートノードへメッセージを送信する
- ルートノードは，MP2 への経路を知っているのでメッセージを転送する
- オプションとして MP1 からのメッセージを受信した MP2，MP1 への経路を確立するため，RREQ を送信してもよい

図 3.15 ルートノードがある場合の TBR における通信の様子

し，MPP を中心としたツリー上の経路を事前に構築することが可能である．この場合，RM-AODV によって発生する制御情報がメッシュネットワークから削減されるため，より効率の高い通信が可能になる．

HWMP は，無線メトリックの考慮を含めた基本動作に加え，**図 3.16** に示すように，既存の（レガシー）無線 LAN 端末（STA）の収容，複数の無線インタフェースの活用を行う．既存の無線 LAN 端末の収容では，MAP が自身の管理下にある無線 LAN 端末の代理となって RREQ と RREP を送信する．これにより，無線 LAN メッシュネットワークの機能を持たないレガシー無線端末を収容する．複数の無線インタフェースの活用では，各無線 LAN インタフェースに異なる周波数チャネルを設定し，トラヒック状況に応じて経路と無線インタフェースの双方を動的に制御する．その結果，ネットワーク全体のシステム容量を増大させることができる．

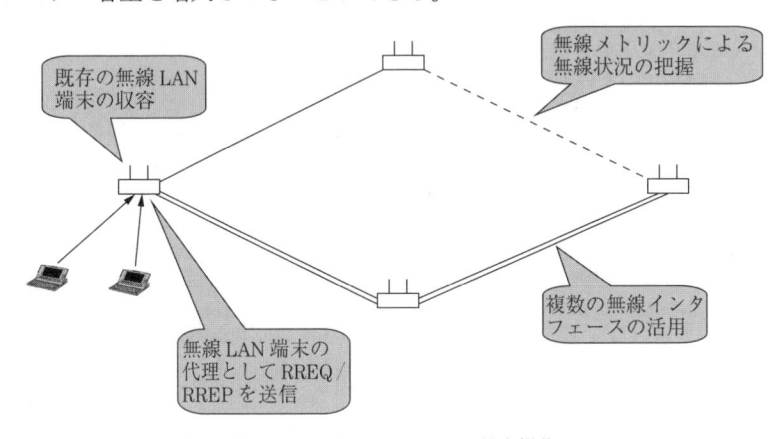

図 3.16 HWMP の三つの基本操作

また図 3.13 に MAC フレームフォーマットを示したが，HWMP によるルーティングに関して，**TTL**（time to live）とシーケンス番号の二つのフィールドを追加している．TTL は，ノードの移動によるネットワークトポロジーや無線状況の変化によって発生する可能性がある無限ループを回避するために導入された．TTL フィールドはパケットの生存時間を示し，転送されるたびに 1 ずつ減らし 0 になると転送を中止する．シーケンス番号は，ブロー

3. メッシュネットワーク

表 3.14 RM-AODV と RA-OLSR の概要

	RM-AODV（必須）	RA-OLSR（オプション）
基本機能・特徴	・RFC 3561（AODV ルーティング）に準拠	・fisheye（階層的）スコープに基づき制御メッセージの交換周期を変更可能 ・無線品質を考慮したリンクメトリックを導入 ・メッシュ機能を持たないレガシーSTA を収容
拡張機能	・無線メトリックに対応 ・経路維持（オプション） ・最適なルートノード候補のキャッシング（オプション）	・無線メトリックによる MPR の選択（到達可能性が最大、無線メトリックが最小等）
その他	・gratuitous REPP RREQ を受信したときに、宛先 MP への経路を知っている場合は中間 MP が RREP を返信してもよい。→宛先 MP への経路が短時間で確立可能。 ただし、RREQ に DO のフラグが立っている場合は RREP は必ず宛先 MP が返信しなければならない。 ・レガシーSTA の収容 MAP に接続されている STA のアドレスは、MAP のエイリアスアドレスとして扱われる。そのため MAP は接続している STA から宛先不明のフレームを受信すると、STA の代理として RREQ を送信しなければならない。 接続している STA 宛の RREQ を受信した場合、MAP は RREP を返信しなければならない。 ・RREQ/RREP フォーマットの拡張（図 3.16） RREQ には宛先アドレス、RREP には送信アドレスとして複数のアドレスを指定することが可能。→MAP での STA サポート、ルートノードとの経路維持を効率化。	・アソシエーションテーブルの交換 レガシーSTA をサポートするために MAP は STA のアソシエーション情報から LAB（local association base）を作成し、全 MP に広告する。MP では複数の LAB から GAB（global association base）を作成する。 ・LAB の構成および広告 LAB は、ブロックインデックス、サイズ、帰属 STA の MAC アドレス、シーケンス番号の各ブロックから構成。LAB の広告方法として full base diffusion モードと checksum diffusion モードの 2 種類の方法を切り替える。checksum diffusion モードでは、LAB のチェックサムのみを広告し、ミスマッチが発生した MP 広告元にリクエストして ABBR（association base block request）を送信する。ABBR を受信した MP はつぎのタイミングで full base diffusion モードにより LAB を広告する。 トラヒックを削減するため、ブロックの情報ではなくブロックのハッシュ値を送ることも可能。

ドキャスト/マルチキャストのパケットを転送するために導入された。各中継ノードがブロードキャスト/マルチキャストのパケットを転送する際に，パケットのシーケンス番号をチェックし，すでに転送したシーケンス番号のパケットを受信した場合は中継を中止する。この処理により，ブロードキャスト/マルチキャストのパケットのループを回避し，効率的なデータ伝搬を可能にする。

オプションのルーティングプロトコルとして，テーブル駆動（プロアクティブ）型の **RA-OLSR**（radio aware OLSR）を採用している。

RM-AODV と RA-OLSR の概要を**表 3.14**，RREQ フォーマットを**図 3.17** に示す。

Octets

1	1	1	1	1	1	4	6	4	4
ID	length	mode flags	TTL	destin. count	hop count	RREQ ID	source address	source sequence number	metric

1			6	4		1			6	4
per destination flags			destination address #1	destination sequence number #1	----	per destination flags			destination address #1	destination sequence number #N
DO #1	RF #1	reserved				DO #1	RF #1	reserved		

フィールド	内　容
mode flags	0：ユニキャスト　　1：ブロードキャスト
TTL	転送可能なホップ数
destination count	宛先の数
hop count	発信元からのホップ数
RREQ ID	RREQ のシーケンス番号
source address	発信元 MP の MAC アドレス
source sequence number	ルートエントリのシーケンス番号
metric	リンクのメトリックコストの合計
DO	gratuitous RREP の禁止フラグ
RF	転送の禁止フラグ
destination address	宛先 MAC アドレス
destination sequence number	宛先シーケンス番号

図 3.17　RREQ フォーマット

3) **無線メトリック**　RM-AODV は周期的に隣接ノードとの間の無線状態を観測し，その結果に基づいてより安定的で，かつ無線メトリックを最小化する経路を選択する．無線 LAN メッシュネットワークの品質に影響する基本的な特性は，無線品質，干渉と無線資源の利用率である．これらすべての状況を反映し，実装が容易な airtime が必須の無線メトリックとして提案されている．airtime メトリックの算出方法を式(3.1)に示す．

$$c_a = \left[O_{ca} + O_p + \frac{B_t}{r} \right] \frac{1}{1 - e_{pt}} \tag{3.1}$$

式(3.1)の O_{ca}，O_p，B_t は，**表 3.15** に示すチャネルアクセスに必要なオーバヘッド，プロトコルオーバヘッド，フレームエラー率取得に利用するテストフレームのビット長で与えられる．r は伝送速度，e_{pt} はフレームエラー率を示す．airtime をリンクメトリックとするため，図 3.14 に示したように RM-AODV では必ずしも最小ホップ数の経路が選択されるとは限らない．

表 3.15　無線メトリック既定値

パラメータ	802.11a	802.11b	内容
O_{ca}	75 μs	335 μs	チャネルアクセスオーバヘッド
O_p	110 μs	364 μs	プロトコルオーバヘッド
B_t	8 224 ビット	8 224 ビット	テストフレームのビット長

4) その他の機能

① **gratuitous RREP**（AODV や HWMP で使われる gratuitous RREP とは意味が多少異なる）　パス選択には，オンデマンドパス選択モードとプロアクティブ木構造モードがあるが，オンデマンドパス選択モードでは以下のように使用される．RREP を受信したときに，宛先 MP への経路を知っている場合は，中間 MP が宛先 MP の代理として RREP を返信してもよい．これにより，宛先 MP への経路を短時間に確立できる．ただし，RREQ に DO（destination only）のフラグが立っている場合は，RREP は必ず宛先 MP が返信しなければならない．なお，プロアクティブ木構造モードにはプロアクティブ RREQ メカニズムとプロアクティブ

3.2 メッシュネットワークの標準化方式

RANN(route announcement)メカニズムがあり，gratuitous RREP はプロアクティブ RREQ メカニズムでのみ使われる．

② レガシー STA のサポート　前述のように，MAP に接続されている STA のアドレスは，MAP のエイリアスアドレスとして扱われる．MAP は接続している STA から宛先不明のフレームを受信すると，STA の代理として RREQ を送信しなければならない．同様に，接続している STA 宛の RREQ を受信した場合，MAP は RREP を返信しなければならない．

③ RREQ/RREP フォーマット　RREQ には宛先アドレス，RREP には発信元アドレスとして，複数のアドレスを指定することができる．これにより，上述した MAP での STA サポートやルートノードとの経路維持を効率よく行うことができる．

(b) QoS 制御と輻輳制御，輻輳監視

1) QoS を考慮した輻輳制御　既存の無線 LAN の MAC 方式は，AP と STA を接続するスター型のネットワークを前提に設計されている．CSMA/CA で制御された各 STA の送信機会はすべて均等に割り当てられる．この MAC 方式をそのまま無線 LAN メッシュネットワークに適用すると，データを中継する下流 MP が複数の上流 MP からデータを受信した場合でも，下流 MP の送信機会は他の MP と同じ送信機会しか割り当てられない．この結果，図 3.18 に示すように下流 MP にデータが滞留し，バッファオーバフロー（あふれ）が発生する．

これを解決するためには，下流にある MP の転送可能データ量を考慮し，上流に位置する MP が送信するデータ量を制御するメカニズムが必要となる．

この課題は，トランスポート層の **TCP** がエンドツウエンドで実行する輻輳制御（intramesh congestion control）により，ある程度解決される．しかし，**UDP** を使うアプリケーションでは，MP でのバッファオーバフローが避けられない．音声と動画などが混在した場合の優先制御を考慮した輻輳制御も必要となる．このため，MAC 層における輻輳制御方式を規定している．この方式

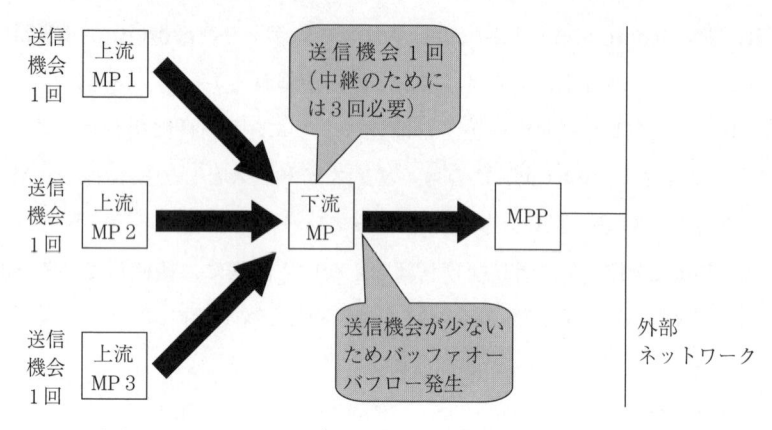

```
送信          ┌─────┐              ┌─ 送信機会1回 ─┐
機会 ────→  │上流 │              │ (中継のために │
1回          │MP 1 │              │  は3回必要)   │
             └─────┘              └───────────────┘
                    ↘
送信          ┌─────┐     ┌─────┐    ┌─────┐
機会 ────→  │上流 │ ──→ │下流 │──→│ MPP │
1回          │MP 2 │     │ MP  │    └─────┘
             └─────┘     └─────┘
                    ↗
送信          ┌─────┐     ┌─ 送信機会が少ない ─┐
機会 ────→  │上流 │     │ ためバッファオー    │
1回          │MP 3 │     │ バフロー発生        │
             └─────┘     └─────────────────────┘
                                                    外部
                                                    ネットワーク
```

上流MPから下流MPに多くのデータが送られると，下流MPで
バッファオーバフローが起こる可能性がある

図 3.18 CSMA/CA を適用した場合の下流MPでのバッファオーバフロー

では，図 3.19 に示す輻輳制御要求（congestion control request）に加え，輻輳制御応答（congestion control response），近隣輻輳通知（neighborhood congestion announcement）の各フレームが定義されている。

2) **リンク単位の転送レート制御**　1)項とも関連するが，MP間でのパケット転送が前提となる無線LANメッシュネットワークでは，中継MPに

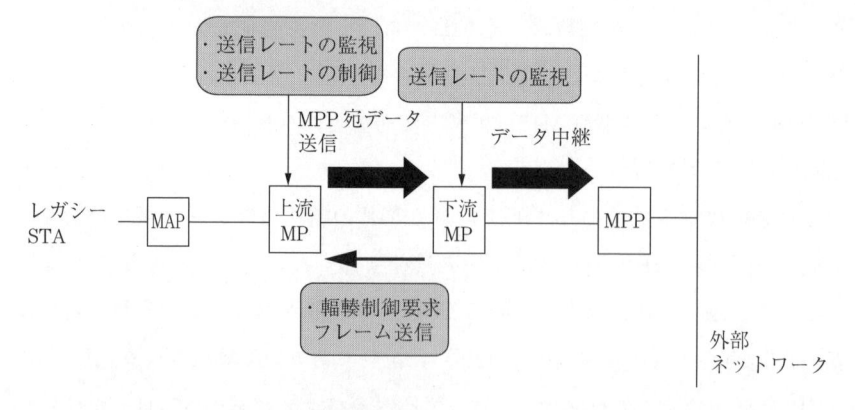

```
              ┌─送信レートの監視─┐  ┌─送信レートの監視─┐
              │ ・送信レートの制御 │  └───────────────────┘
              └────────────────────┘
                        │                      │
                  MPPデータ            データ中継
                     送信
レガシー  ┌───┐  ┌─────┐     ┌─────┐    ┌─────┐
STA ──│MAP│──│上流 │ ──→│下流 │──→│ MPP │
          └───┘  │ MP  │     │ MP  │    └─────┘
                  └─────┘     └─────┘
                        ←─
                   ・輻輳制御要求
                    フレーム送信
                                                    外部
                                                    ネットワーク
```

上流MPと下流MPで輻輳制御を行う。リンク単位でのデータ流量を
制御することで安定動作を実現

図 3.19 送信レートの監視，上流MPへの最大送信レートの通知，送信レート制御

おけるパケットの滞留が，伝送遅延やスループット低下を引き起こす要因となる．これを解決するため，各リンク単位での流量制御により，中継ノードにおける輻輳を回避する制御を行う．IEEE 802.11e で規定されている QoS パラメータ (**AIFSN**, **CW**$_{min}$, **CW**$_{max}$, **TXOP Limit**) 設定に関する高い自由度を有する EDCA を基本とした以下の機能拡張方式が提案されている．EDCA のパラメータの変更では，新規のハードウェアが不要で実装が容易であり，レガシー STA が接続された MAP で有効となる．

この制御は，MP 間でのシグナリングにより，図 3.19 に示す送信レートの監視，上流 MP への最大送信レートの通知，送信レート制御の三つの機能で実現する．

送信レートの監視では，各 MP が下流 MP への送信レートを QoS クラス (EDCA における AC) ごとに監視する．送信レートとは物理層の無線伝送速度ではなく，実際に送信に成功した，つまり MAC 層の確認応答パケットを受信した 1 秒当りのデータ (ペイロード) ビット数である．

上流 MP への最大送信レートの通知では，各 MP が送信レートの監視で取得した送信レートを転送可能な最大レートとして上流 MP へ通知する．最大送信レート通知には，図 3.19 に示す輻輳制御要求フレームを使用する．上流 MP が複数ある場合は，それぞれに輻輳制御要求フレームを送信する．

送信レート制御では，上流 MP から下流 MP へ転送するデータフレームの送信レートが，輻輳制御要求フレームによって指示された最大レートを下回るように制御する．送信レートの制御方式は実装に依存するが，IEEE802.11s のドラフト仕様では，EDCA パラメータによるレート制御方式が例として挙げられている．本来，EDCA パラメータはパケット送信開始までの待機時間などを決定するためのものであるが，この待機時間を下流 MP から通知された最大送信レートに応じて適応制御することで，擬似的に送信レートの制御が可能となる．

EDCA パラメータによる送信レート制御は，ハードウェアの変更が不要であるため実装が容易となる．また，1) 項の輻輳制御を使用した場合でも QoS

を保証できるため，アプリケーションが混在した場合でも高品質な通信を実現できる方式といえる。

3) 輻輳監視　動的な輻輳制御のほかに，輻輳監視機能がオプションとして規定されている。輻輳監視にはレート監視とキュー監視がある。レート監視では，受信レートと転送レートを監視し，差分の値が大きくなると，MP は前段の MP に対して輻輳制御要求フレームを送信する。輻輳制御要求フレームを受信した MP は，レート制御メカニズムにより転送レートを制御し，輻輳制御応答フレームを返信する。キュー監視では，上限と下限の閾値を設けたキューサイズを監視し，キューサイズが上限の閾値を超えると，前段の MP に対して輻輳制御要求フレームを送信する。もしキューサイズが上限，下限の閾値の間であれば，図 3.20 に示す確率で輻輳制御要求フレームを送信する。

$$\frac{キューサイズ - 下限の閾値}{上限の閾値 - 下限の閾値}$$

（キューサイズが変数）

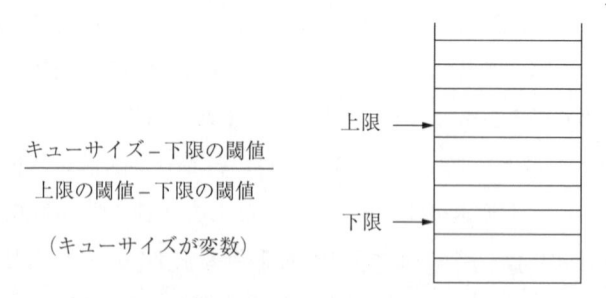

図 3.20　キュー監視における輻輳制御リクエストフレームを送信する確率

4) MDA（オプション機能）　MP 間のフレーム衝突を抑えるためのオプション機能として **MDA**（mesh deterministic access）がある。MDA では以下の処理を行う。MP で送信を割り当てた期間に関する情報を定期的に交換し，その結果を干渉エリア内にある MP に広告する。この広告情報を受信した MP は，図 3.21 に示すようにフレームの送信を待機する。

（c）**メッシュリンク確立**　IT 部門などの専門の管理者がいないホームネットワークなどへの展開も想定しているため，ネットワークの構築と維持管理を容易にする必要がある。このため，MP に **mesh ID** や認証鍵などをあらかじめ設定しておくことで，電源投入直後に自動的にネットワークを構築する

3.2 メッシュネットワークの標準化方式

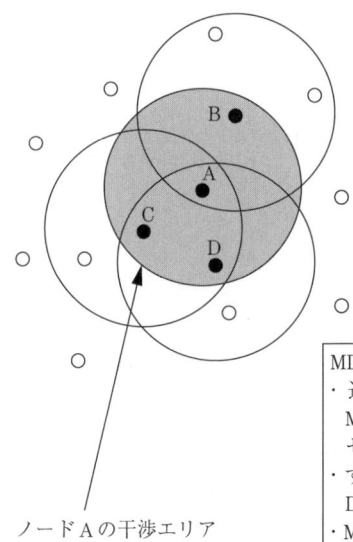

① MP間で送信権を割り当てた期間に関する情報を交換

② その結果を干渉エリア内にいるMPに対して広告

③ この広告情報を受信したMPは，フレームの送信を待機することでMP間のフレーム衝突を低減

ノードAの干渉エリア

MDAのメカニズム
・送信MPと受信MPのハンドシェークにより，MDAOP（deterministic access opportunities）をセットアップ
・すべての近傍MP（送信MPがAの場合，BとCとD）がMDAOPを広告する
・MDAOPの期間において，2ホップ近傍におけるフレーム衝突を低減

図3.21 MDAのメカニズム

近隣デバイス検出機能を提供している。

メッシュネットワークの識別子として無線LANの**SSID**と類似したmesh IDが定義され，mesh IDごとに独立したメッシュネットワークの構築が可能である。メッシュリンク確立の手順は以下の通りである。

① パッシブスキャンまたはアクティブスキャンにより周辺MPを検出
（新規MPはメッシュプロファイル（airtime, link state）を持つメッシュネットワークを発見）

② 使用チャネルを選択

③ アソシエーション，IEEE 802.11iで規定した手順で暗号・認証鍵を交換(プロファイルをサポートできると判断すると近傍MPと認証を行う)

④ リンクの品質を測定

⑤ 隣接MPテーブルを作成（**表3.16**，メッシュネットワークのパス選択，データ転送に参加する）

図3.22に示すように，MPはまず周波数チャネルをスキャンして同じmesh

表 3.16 隣接 MP テーブル

項 目	内 容
隣接 MAC アドレス	隣接 MP の MAC アドレス
プライマリ MAC アドレス	隣接 MP のプライマリ MAC アドレス（二つ以上の無線インタフェースがある場合）
状 態	アソシエーション状態
方 向	アソシエーションリクエストの方向
C_0	チャネル番号
P_l	チャネル優先度
r	転送レート（変調方式）
e_{pt}	フレーム廃棄率
Q	受信信号強度（RSSI：radio signal strength indicator）

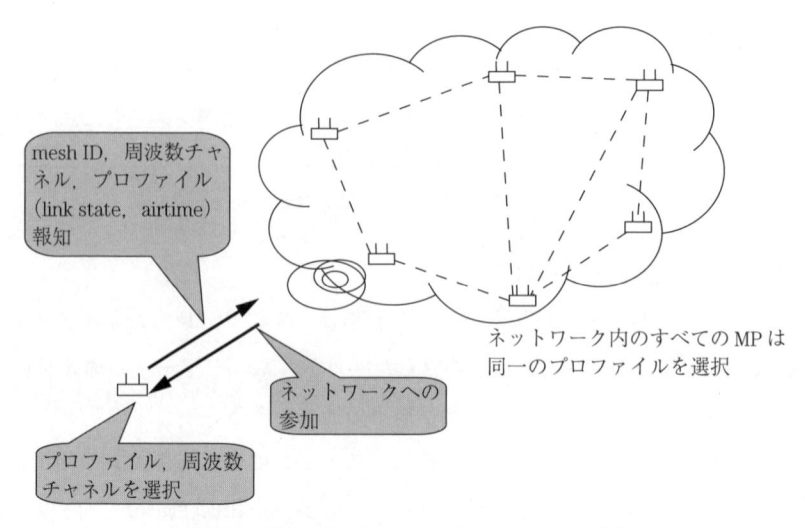

図 3.22 新規 MP がメッシュネットワークに参加

ID を持つ MP を探索し，検出した MP と使用する周波数チャネルやルーティングプロトコル，無線メトリックで構成されるプロファイルを決定する．つぎに，アソシエーションや認証，暗号鍵の交換といった一連の処理により無線リンクを確立する．その後，経路を決定するうえで必要な無線メトリックの算出を行い，ルーティングプロトコルが実行された後に通信が開始される．

　一つのメッシュネットワークでは一つのプロトコル/メトリックのみが動作し，異なるメッシュネットワークでは異なるプロトコル/メトリックの使用が

可能である。

(d) 周波数チャネル選択　各 MP は複数の無線インタフェースを有することが想定される。複数ある周波数チャネルの候補から各 MP が利用するチャネルを異なるように選択すると，無線 LAN メッシュネットワークが分断されてしまう。このため，標準の周波数チャネル選択のプロトコルが必要となる。

　周波数の空間的再利用によるネットワーク容量の増大，隠れ端末や晒し端末問題を解決するうえで，各無線リンクに対するチャネル割当は重要な課題である。この課題に対し，自律的に各 MP が隣接 MP を発見し，確実に接続するための共通のチャネルを選択する機構，および一部の隣接 MP 間で共通のチャネルとは異なるチャネルを動的に選択することによりスループット向上が可能となる方式が提案されている。

　各 MP は，**図 3.23** に示すように複数の無線インタフェースを持つが，各インタフェースは一つの **UCG** (unified channel graph) に属する。さらに各インタフェースは，**表 3.17** に示す二つのモードがあり，それぞれに周波数選択プロトコルを規定している。

(e) セキュリティ　3.1.1 項で述べた IEEE 802.11i **RSN** で管理される

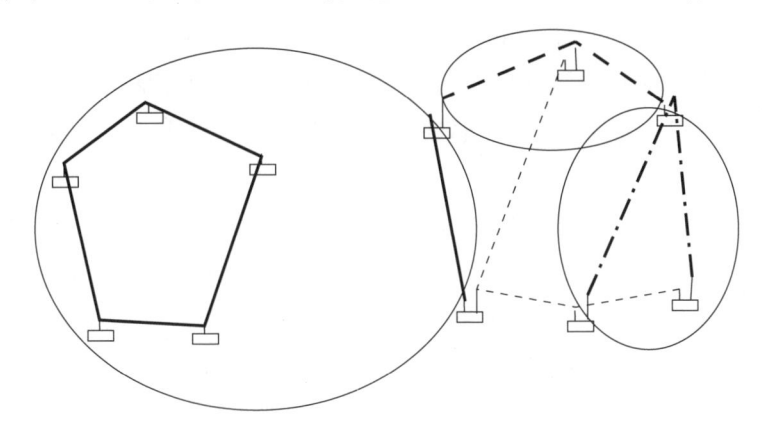

◯：クラスタ（UCG）の例
　　周波数チャネルはクラスタごとに異なる

図 3.23　周波数チャネル選択と UCG

表3.17 周波数チャネル選択のモードとプロトコル

モードプロトコル	概 要	説 明
シンプルモード simple channel unification protocol	すべてのMPに同じ周波数を設定して，最低限の接続を保証	隣接ノード間で交換される周波数チャネル優先度情報を使って，ネットワーク全体が共通の周波数チャネルを選択するようにする。具体的には，高い優先度をもつMPが使う周波数を共通の周波数チャネルとして使うことで，ネットワーク全体の周波数チャネルを統一する
アドバンストモード channel cluster switch protocol	一つの無線LANメッシュネットワーク内で複数の周波数チャネルを同時に利用可能にする	MP間で同一の周波数チャネルを利用する無線LANインタフェースをクラスタ化する。このクラスタごとに周波数チャネルを決定することで，マルチチャネル環境下で安定した周波数チャネルを選択できるようにする。各クラスタ内で使用する周波数チャネルを変更するメッセージ信号も規定されている。これにより，クラスタごとの動的な周波数変更が可能になっている

RSNA（robust security network association）における**IBSS**（independent basic service set）モードのセキュリティ方式を適用することにより，無線LANメッシュネットワークで通信されるデータフレームの秘匿，認証，完全性を保証する。この方式には図3.24に示すように，**RADIUS**サーバなどが一括して認証情報を管理する集中制御型（図(a)）と，各MPが認証情報を管理する（必要に応じ信用証明書を発行）分散制御型（図(b)）の2種類がある。集中制御型は，企業内LANなどのネットワーク管理体制が確保されたネットワークを対象とする。分散制御型は，ホームネットワークなど管理者がいないネットワークを対象とする。

しかし，IEEE 802.11iの適用対象は3.1節でも述べたように，データフレームのみである。このため，ルーティングプロトコル等で用いられる制御情報は，3.1節で述べた，IEEE 802.11wで標準化が進められている保護された管理フレームで転送される。また，セキュリティ機能の提供はリンクバイリンクのみで，エンドツーエンドのセキュリティは一般の無線LANと同様IPsecなどの上位レイヤで行う。

オプション機能として，（c）項と関連するが，隣接MP間での認証（オーセンティケーション）と**アソシエーション**が規定されている。MPには**オーセ**

3.2 メッシュネットワークの標準化方式　121

(a) 集中制御型　　(b) 分散制御型

⟷ : IEEE802.11i

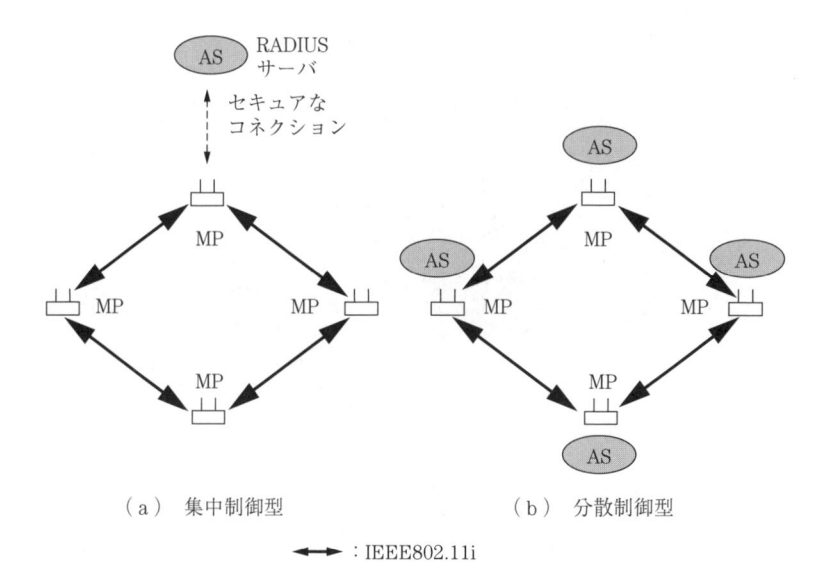

図 3.24　二つのセキュリティモデル

ンティケータとサプリカント（IEEE 802.1x に準拠した認証を実現するために端末側で必要なソフトウェア）の両方の機能が実装され，MP は 4-way ハンドシェイクにより隣接 MP とのセッション鍵を設定する。暗号鍵としては，ユニキャスト用のセッション鍵とブロードキャスト/マルチキャスト用のグループ鍵を使用する。図 3.25 に示すように，新規の MP に対しては，オーセンティケータとサプリカントの双方の機能を相互に実施し，認証された MP は次回はオーセンティケータとして動作する。認証鍵については，ユニキャスト通信では通信ペアごとの鍵，ブロードキャスト/マルチキャストではグループ鍵をそれぞれ用いる。同時に IEEE 802.1x の適用と **PSK**（pre-shared key）の利用が可能である。

　なお，論理的な単一の管理エンティティに制御されない分散制御型のセキュリティ方式，**DOS**（denial of service）攻撃への対応，不正な MP の検出は IEEE 802.11s の検討対象外である。

　（f）**省電力化**　　IEEE 802.11e において規定されている **APSD**（auto-

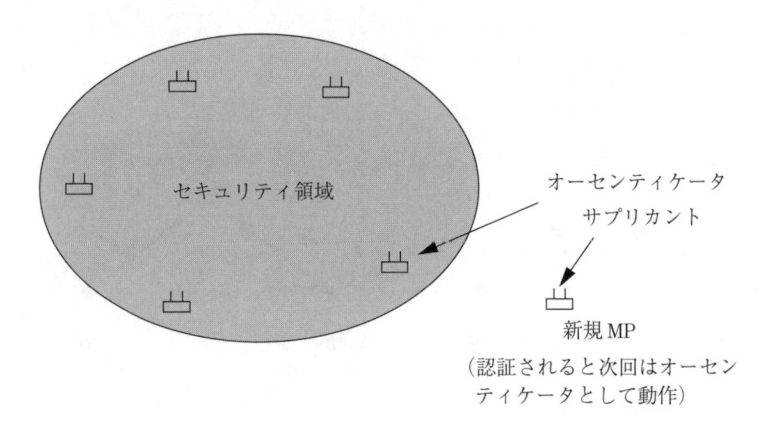

図3.25 オーセンティケータとサプリカント

matic power save delivery）を無線 LAN メッシュネットワーク向けに拡張し，自律分散的に消費電力を低減する方式と IBSS におけるパワーセーブ方式が提案されている．前者には，**表3.18** に示すように periodic-APSD と aperiodic-APSD の二つの方式がある．後者では，**図3.26** に示すように **ATIM** ベースのスリープ制御を行う．このスリープ制御はビーコンに合わせて行うた

表3.18 隣接 MP 間でのスリープ制御

periodic-APSD	各隣接 MP 間で調整してスリープ制御を行う． ・隣接 MP ペアで周期的なスケジュールによってウェイクアップ ・VoIP などの周期的なトラフィックに対して効果的
aperiodic-APSD	つねにウェイクアップしている隣接 MP にアウェイクを知らせる． ・近傍につねにウェイクアップしているノードが存在 ・知らせるタイミングが自由

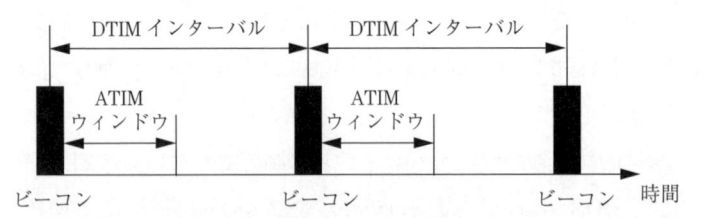

DTIM：delivery traffic information message
ATIM：announcement traffic information message

図3.26 ATIM ベースのスリープ制御

め，VoIP のような周期的なトラヒックに対して有効である。

省電力化に関しては，ビーコン送出の効率化の方式もオプションとして規定されている。

（g）相互接続　　無線 LAN メッシュネットワークと IP ネットワークや IEEE 802LAN 等の他のネットワークとの相互接続を保証するためには，単一のループフリーのブロードキャスト LAN として動作する必要がある。この動作は図 3.27 に示すように，MPP に IEEE 802.1D のブリッジ機能を実装することにより実現する。また，複数の MPP が IEEE 802LAN と接続する可能性があり，ネットワークをまたがるパケットのループが問題となる。この場合は，各 MPP が STP（spanning tree protocol）を実行することにより，無線 LAN メッシュネットワークを IEEE 802LAN の一部のネットワークとして動作させることにより，パケットの無限ループ問題を回避する。

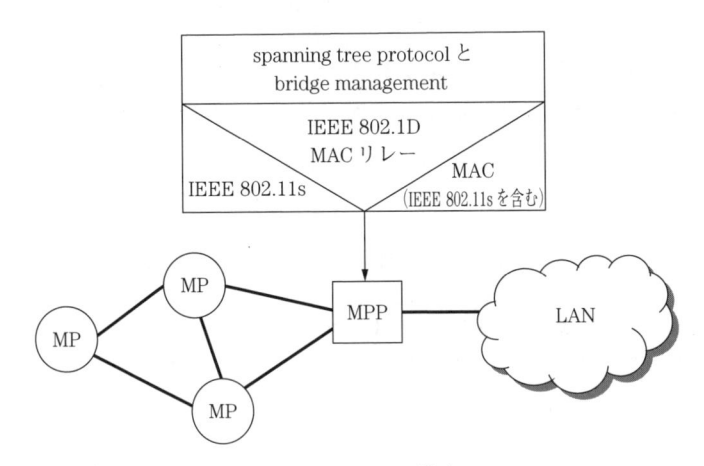

図 3.27　MPP の構成

ここで，IEEE 802.1D は LAN のブリッジに関する規格で，代表的なプロトコルに **STP** がある。STP は，レイヤ 2 ネットワークでのネットワークループを自動的に検出し論理的にループを切断し，ブロードキャストストーム等の発生を防ぐプロトコルで，具体的には，二つの端末間を結ぶ複数の通信経路（ループ）を検出した場合，一つのインタフェースのみを生かして他の経路はす

べて止めてしまう．この結果，あるMACブリッジをルートノードとするツリー状のネットワークを形成する．

また，宛先ノードがメッシュ内かメッシュ外かについては，メッシュ内の場合は，レイヤ2ブリッジすなわちレイヤ2のパス選択を行い，メッシュ外の場合は，レイヤ3ブリッジすなわち適切なMPPを選定しそれを経由してフレームの転送を行うか，適切なMPPを選定できない場合はすべてのMPPにフレームを転送する．

(h) その他のオプション機能

① RTS/CTS等の制御フレームとデータフレームに別々の周波数を割り当ててパケットの衝突確率を下げる機能（大容量で高いQoSが要求される，AVトラヒックの伝送が想定されるホームネットワーク向け）

② マルチホップ伝送において送信予約を行う機能

3.2.4 無線MANメッシュネットワーク

表3.19に，無線MANの標準化を進めているIEEE 802.16委員会のタスクグループを示す．2006年に発足したIEEE 802.16j (Relay TG)は，IEEE 802.16標準（モバイルWiMAXのIEEE 802.16e）に準拠したシステムのマルチホップ中継（**MR**：multi-hop relay）を可能にするために，物理層

表3.19 IEEE 802.16委員会のタスクグループ

タスクグループ	内容	標準化期間
802.16-2004	固定WiMAX	～2004年
802.16e-2005	モバイルWiMAX（時速約120 km/hまで）	～2005年12月
802.16 m	1 Gbps以上の超高速MAN，IMT-Advanced (4G)に向けた拡張	2007年1月～2009年
802.16 c	固定系PICS，Conformance 04	
802.16 f	固定系MIBs	
802.16 g	Net-MAN，管理手順	～2007年3月
802.16 h	ライセンス免除の共存	～2007年3月
802.16 i	NetMAN，モバイル系MIBs	2006年1月～
802.16 k	NetMAN，802.1Dのブリッジ機能に追加	2006年5月～
802.16 j	RelayTG，マルチホップ中継	2006年5月～

PICS：Protocol Implementation Conformance Statement

の変調方式である **OFDMA**（orthogonal frequency division multiplexing access, 直交周波数分割多元接続）および MAC 層の拡張を行うことを目的に組織化された．第1回の会合が 2006 年 5 月に開催され，標準化の大枠とスケジュールが決定された．2006 年 11 月の投票，2007 年 3 月のスポンサ投票を経て，2008 年に標準仕様を制定する．

マルチホップ中継機能は，日本からの提案によって SG（study group）が組織された技術で，IEEE 802.16e の基地局（BS：base station）と端末（SS：subsciber station）の間に中継装置（RS：relay station）を設定し，物理層の OFDMA のフレーム構成を維持した中継を実現する．日本からの提案がベースになっていることもあり，IEEE では異例の日本人（KDDI の野原氏）が議長に就任している．

メッシュネットワークのおもな目的は，以下の二つである．
① 基地局からコアネットワークまでの伝送路（バックホール回線）を確保できない地域へのモバイル WiMAX の展開を容易にする．
② 都市部において，ビル陰や地下街など，基地局の電波が直接到達しない地域の通信品質を改善する．

図 3.28 に，IEEE 802.16j で標準化を目指すマルチホップ中継のイメージを示す．

2007 年 4 月現在，大きく二つの技術課題についての検討が行われている．
① マルチホップ機能に対応した RS が設置されたシステムにおいて，MS（mobile station）が RS，MR-BS（マルチホップ中継対応基地局）を経由して WiMAX ネットワークに接続するための経路選択および移動管理などのためのプロトコル
② TDD モードで WiMAX ネットワークが運用される場合に，RS が配下の MS 群に，MR-BS が送信する信号と同一の周波数で再送信するときに，RS の送信信号と MR-BS の送信信号が MS 受信において相互に干渉を引き起こさないフレームの構成

3. メッシュネットワーク

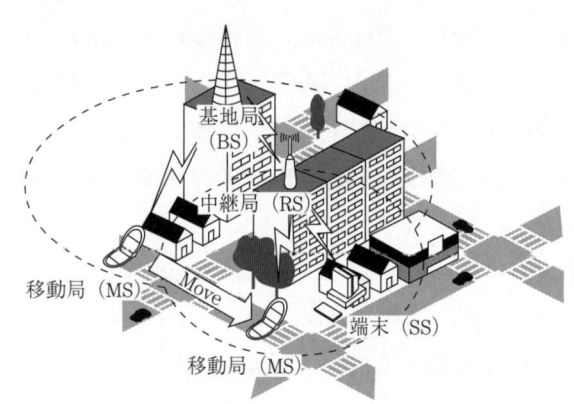

BS：base station，基地局
RS：relay station，中継局
MS：mobile station，移動局
SS：subscriber station，端末

■ 固定/モバイル端末への中継モードの開発を提案
① PHY（物理層）：標準フレーム構造を拡張する。
② MAC：中継網向けに，新たなプロトコルを追加する。

図 3.28　IEEE 802.16j におけるマルチホップ中継のイメージ

　本節では，当面アドホックネットワークの代表的な実現例となる無線 LAN メッシュネットワークに関する標準化動向を中心に述べた。無線 LAN メッシュネットワークは，今後無線 PAN や無線 MAN 等のネットワーク規模の異なるメッシュネットワークともゲートウエイを経由して接続することにより，相互に協調して発展していくものと思われる。また，センサネットワークとしての実用化が始まりつつある Zigbee においても，ルーティングプロトコルの一つとして，無線 LAN メッシュネットワークと同様に AODV を採用している。AODV は，リアクティブ型のプロトコルであるため制御パケットである RREQ，RREP，RERR 以外の周期的な制御パケット（隣接ノードとの接続状態を調べるハローパケットなど）を送信しない，DSR のようにフレームフォーマットの大幅な変更を必要としないなどの理由で採用されている。比較的小規模で電力供給が困難なために省電力化が要求されるアドホックネットワークとしては，AODV を中心にルーティングプロトコルの検討が進められると予想される。

4

IP アドレス自動割当

4.1 MANET ローカルアドレスの自動割当[1]

IP ネットワークにおいてノードはリンク（IP より下位層の通信システム）により隣接ノードと接続され，そのリンクを経由して **IP パケット**の送受を行う。ノードのリンクへの接続点（インタフェース）に対して IP アドレスが与えられる。アドレス体系が有効であるためには，アドレスが利用される一定の範囲が定められ，その中でアドレスの一意性が確保される必要がある。この範囲はスコープと呼ばれる。例えば，一つのリンクをスコープとするアドレスは**リンクローカルアドレス**，一つのサイトをスコープとするアドレスは**ユニークローカルアドレス**，インターネット全体をスコープとするアドレスは**グローバルアドレス**などと呼ばれる。一般にアドレスをそれぞれのスコープにおいて重複なく割り当てるのは手動では多くの労力を要するため，自動的なアドレス割当手法が望まれる。

　MANET のルーティングプロトコルは各ノードの MANET インタフェースに一意の IP アドレスが与えられていることを前提としている。そこで MANET をスコープとするアドレスが必要になる。これを MANET ローカルアドレスと呼ぶことにする。一つのノードが複数の MANET インタフェースを持つ場合にはそれぞれに一意の IP アドレスが必要であるが，以下では記述の簡単化のため，各ノードは一つの MANET インタフェースを持つものとし，ノードのインタフェースのアドレスを単にノードのアドレスという。

与えられたスコープにおいてIPアドレスを自動的に割り当てる仕組みとして，**ステートフル型**と**ステートレス型**がある．ステートフル型はスコープで利用可能なIPアドレスの全体（アドレス空間）において，使用中のアドレスを管理し，新たな割当要求が生じると未使用のアドレスを選択し，割り当てるものである．この際，いったん割り当てたアドレスの使用状況を管理し，使用されなくなったアドレスを再利用する仕組みが必要になる．ステートフル型は使用中のアドレスを集中管理するサーバなどを必要とし，**DHCP**（dynamic host configuration protocol）はその例である．

ステートレス型は使用中のアドレスとは独立にアドレス割当を行うものである．MACアドレスなど下位層が提供するアドレスの一意性を前提として，そのアドレスからIPアドレスを生成する方法，アドレスをアドレス空間からランダムに選択する方法などがある．

スタンドアローン型のMANETでは各ノードが対等の関係でネットワークを作るのが基本になる．どのノードもMANETへの出入りが自由である．こうした環境で，特定のノードにアドレス集中管理・割当のためのサーバを持たせることは困難である．そこで，ステートフル型の場合にはアドレス管理・割当サーバの機能を各ノードに分散する仕組みが必要になり，そのための制御メッセージに起因するオーバヘッドも大きくなる．ステートレス型はそのようなサーバを必要としないので，MANET環境で実現しやすいメリットがある．

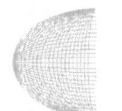

4.2 アドレス自動割当のフレームワーク

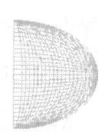

どのようなIPアドレス自動割当方式を採用するにせよ，異なるノードに誤って同じアドレスを割り当てる可能性が考えられる．特にステートレス型のランダム割当では確率的に重複アドレスが生じる可能性がある．IPv6の場合，アドレス空間を広くとることが可能であり，アドレス重複の可能性を十分低くすることができる．一方，2.6.2項に述べたアドレスブロックの圧縮の効果を高めるためには，共通のヘッド部のビット数を大きくとるほうがよい．このよ

4.2 アドレス自動割当のフレームワーク

うに，MANETノードやインタフェースを識別するアドレス空間を狭くすると重複アドレスが生じる可能性が高まることになる．重複アドレスが生じると経路表の生成・維持に支障が生じたり，パケットの誤配送が生じる可能性がある．そこで，重複アドレスを検出し，防止する必要がある．重複アドレス検出（**DAD**：duplicate address detection）の仕組みとして，一般に**プリサービスDAD**，**インサービスDAD**の二つのタイプが考えられる．前者は新たに生成され使用前のアドレスと他の使用中，使用予定のアドレス間の重複，後者はすでに使用中のアドレスと他の使用中のアドレス間の重複を検出するものである．スタンドアローン型のMANETでは4.1節に述べたように，ステートフル型，ステートレス型いずれにしても自律分散的なアドレス生成・割当が必要になる．また，二つのMANETがマージすることも考えられる．プリサービスDAD，インサービスDADのために貴重な無線帯域を浪費することはできない．これらの点を考慮したプリサービスDAD，インサービスDADの仕組みが必要である．

図4.1にMANETのアドレス管理に関する四つのモデルを示す．図(a)はDADを行わない方式であり，無アドレスフェーズにおいてアドレス生成後，ただちにノーマルフェーズに移行し，MANETに参加する．図(b)ではノーマルフェーズにおいてインサービスDADを行い，重複アドレスが検出されると無アドレスフェーズに戻る．図(c)では無アドレスフェーズで生成されたアドレスは暫定アドレスとされ，広告フェーズへ移行する．広告フェーズでは暫定アドレスに対してプリサービスDADが実施される．ここで重複アドレスが検出されると無アドレスフェーズに戻る．ノーマルフェーズではインサービスDADを行わない．図(d)はプリサービスDAD，インサービスDADをともに行うフルセットのモデルである．どのモデルを採用するかはアドレス空間の広さ，アドレス生成方式，DADによる制御オーバヘッド，アプリケーションからの要求条件などを総合的に勘案して決定することになる．

```
┌─────────┐         ┌─────────┐
│ 無アドレス │ ──────→ │ ノーマル  │
│ フェーズ  │         │ フェーズ  │
└─────────┘         └─────────┘
（アドレス生成）
```

（a）　DAD を行わないモデル

```
         ┌──────── 重複アドレス検出 ────────┐
         │                              │
      ┌─────────┐              ┌─────────┐
   →  │ 無アドレス │ ──────→    │ ノーマル  │
      │ フェーズ  │              │ フェーズ  │
      └─────────┘              └─────────┘
      （アドレス生成）           （インサービス DAD）
```

（b）　インサービス DAD を行うモデル

```
    ┌── 重複アドレス検出 ──┐
    │                   │
 ┌─────────┐      ┌─────────┐      ┌─────────┐
 │ 無アドレス │ ──→ │ 広告    │ ──→ │ ノーマル  │
 │ フェーズ  │      │ フェーズ │      │ フェーズ  │
 └─────────┘      └─────────┘      └─────────┘
 （アドレス生成）  （プリサービス DAD）
```

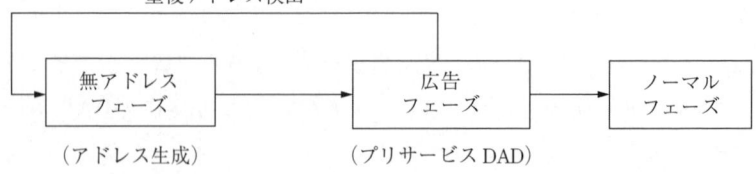

（c）　プリサービス DAD を行うモデル

```
    ┌──────── 重複アドレス検出 ────────┐
    │                ↑              │
 ┌─────────┐      ┌─────────┐      ┌─────────┐
 │ 無アドレス │ ──→ │ 広告    │ ──→ │ ノーマル  │
 │ フェーズ  │      │ フェーズ │      │ フェーズ  │
 └─────────┘      └─────────┘      └─────────┘
 （アドレス生成）  （プリサービス DAD）（インサービス DAD）
```

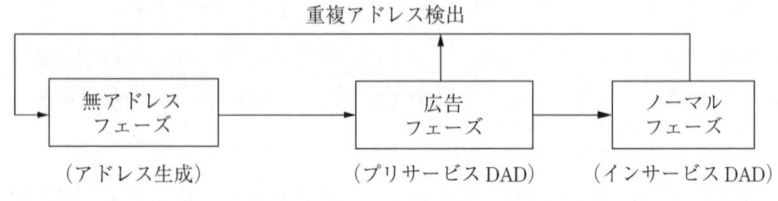

（d）　プリサービス DAD とインサービス DAD をともに行うモデル

図 4.1　MANET におけるアドレス管理（重複アドレス検出）のモデル

4.3　重複アドレス検出の実現指針

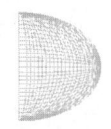

4.3.1　プリサービス DAD

　プロアクティブ型ルーティングプロトコルではノードは周期的なルーティングメッセージの交換を行うので，これを利用して暫定アドレスの広告が可能で

ある。例えばOLSRでは広告フェーズのノードはMPR選択を行うことにより，自身の暫定アドレスが，MPRが生成するTCメッセージにより，MANET全体に広告される。逆に，受信するTCメッセージからMANET内のすべてのアドレス情報が得られるので，アドレス重複の検出が可能である。この方法ではプリサービスDADのための新たな制御メッセージは不要である。

　リアクティブルーティングプロトコルではノードが新たにMANETに参加する時点で，アドレス要求（AREQ：address request）メッセージ（以下，AREQ）を送出する。AREQはRREQと同様のフォーマットとし，生成元アドレスには暫定アドレスとは別に，専用のアドレスブロックから選択した一時アドレスを使用し，終点アドレスには暫定アドレスをのせる。この暫定アドレスをすでに利用中のノードはこのAREQを受信したときアドレス応答（AREP：address reply）メッセージ（以下，AREP）を生成元に返すことにより，アドレス重複を通知する。AREQ生成元のノードは一定回数AREQを行い，AREPを受信せずタイムアウトとなればアドレス重複はないと判定する。AREPを受信した場合にはそのアドレスを放棄し，新たにアドレス生成を行う。

4.3.2　インサービスDAD

　インサービスDADは使用中のアドレスについて重複の有無を検査する方式であり，受信するルーティングメッセージを観察し，重複アドレスの兆候を検出するものである。以下には二つの方法を紹介する。これらの方式は原理的にはプロアクティブ型，リアクティブ型ルーティングプロトコルのどちらにも適用できる。

（1）アドレス識別子付加方式[2]　　アドレス生成において，本来のアドレスに加えて数オクテットの識別子をランダムに生成し付加する。ルーティングプロトコルはこの識別子が付いたアドレス（拡張アドレス）を用いてルーティング処理を行う。このため，アドレス部が同じであっても識別子が異なることにより，重複アドレスの検出が可能である。みかけ上アドレス空間を拡張した

効果が現れるが，データパケットの IP ヘッダに含める始点，終点アドレスはあくまで本来のアドレスである。

（2） **パッシブ DAD 方式**[3]　自身が生成したルーティングメッセージ，過去に受信したルーティングメッセージ，新たに受信したルーティングメッセージの情報内容を照らし合わせ，矛盾，一貫性の欠如などを検出することにより，重複アドレスを検出する方法である。例えば OLSR において，各ノードは自身が生成・送出した TC メッセージのコピーの圧縮情報を保存しておき，自身と同じアドレスを生成元とする TC メッセージを受信した場合，保存しておいた情報と照らし合わせることにより，自身が生成・送出した TC メッセージか，他のノードが生成・送出したメッセージか識別できるので，後者であれば重複アドレスありと判定する。より簡単に，受信した TC メッセージのシーケンス番号が自身のシーケンス番号より大きい，または一定数以上小さい場合には自身が過去に送出した TC メッセージではなく，他のノードが生成・送出した TC メッセージと推定できるので，重複アドレスありと判定することも可能である。シーケンス番号を利用する方法は第三者のノードが重複アドレスを検出する場合にも利用可能である。また，各ノードが自身の隣接ノードの履歴，MPR 選択の履歴を記録しておくことも有用である。受信した TC メッセージに含まれる隣接ノードのアドレスの中に，自身のアドレスを検出した場合，自身が過去にこの TC メッセージの生成元と隣接関係にあったか，そのノードを自身の MPR として選択したことがあったか，などを調べ，そのようなことがなければ重複アドレスありと判定できる。

4.4　MANET のインターネット接続[4),5)]

MANET のインターネット接続においては，ノード（またはその一部）は MANET インタフェースに加えて，インターネット内の固定のアクセスルータ（AR：access router）への有線/無線インタフェースを有し，インターネットに接続して**インターネットゲートウェイ**（IGW：internet gateway）

4.4 MANETのインターネット接続

として機能する。なお、ARそのものが、MANETノードとしてMANET用インタフェースを持つ場合も考えられる。各IGWは自身のIGW情報（IPアドレス、プレフィックスなど）を周期的、あるいはノードからの要求に基づいてMANET内に送信する。これをIGW広告と呼ぶ。IGW広告はフラッディングプロトコルなどを利用して、MANET全体にブロードキャストされる。各ノードは受信したIGW広告に基づいてIGWを選択し、そのIGWのプレフィックスに基づいて、自身のグローバルアドレス（気付アドレス）を生成する。これによって、このノードはインターネット側のノード（インターネットノード）と通信可能になる。図4.2にMANETノードがIGWを経由してインターネットノードと通信する概念図を示す。

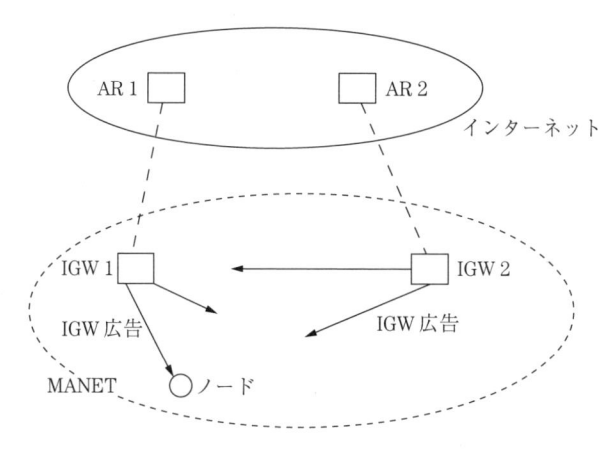

図4.2 MANETのインターネット接続概念図

複数のIGWを持つMANETにおいては、ノードがIGWの一つを選択し、そのプレフィックスを用いて気付アドレスを生成する。これによって、インターネットノードからMANETへのパケットは選択したIGW経由でノードへ配送される。ネットワーク管理上、ノードからインターネットへ向かうパケットも選択したIGWを通過することが望ましい。そのための方法として、ルーティングヘッダを用いる方式、プレフィックス連続法が提案されている[4]。前者ではインターネットへ向かうパケットの終点アドレスには選択した

IGW の IP アドレス，ルーティングヘッダに最終的な終点アドレスを設定する．後者では，各ノードは複数の IGW から IGW 広告を受け取ると，ホップ数などのメトリックに基づき，IGW の一つを選択し，選択した IGW 広告のみ再ブロードキャストを行う．これにより，インターネットへ向かうパケットは同じ IGW を選択した上流ノードのみを経由して IGW に到達する．**図 4.3** にプレフィックス連続法の概念図を示す．

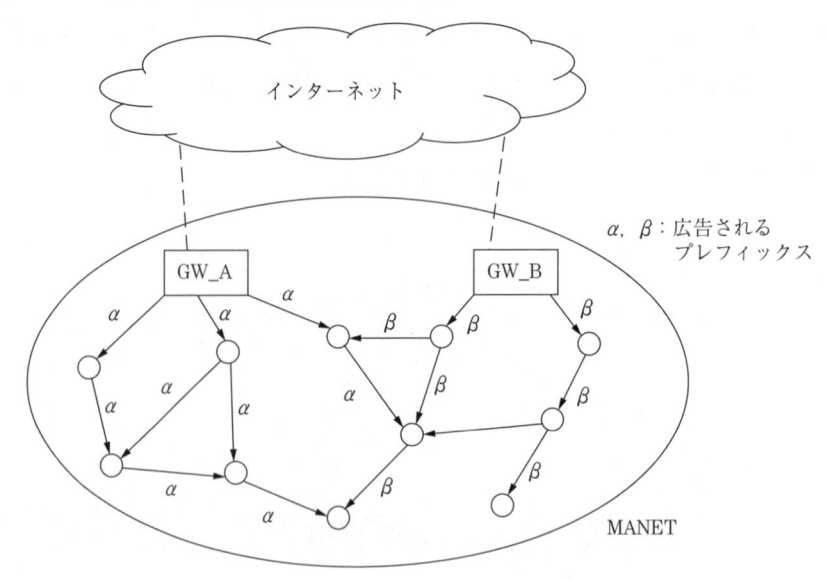

図 4.3 プレフィックス連続法

4.5 複数ゲートウェイを考慮したインターネット接続方式[5]

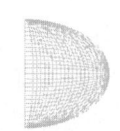

ノードが IGW を選択し，その IGW を利用し続ける場合，気付アドレスの変更は生じない．しかし，ノードがその IGW から離れた場所に移動し，別の IGW が近くにあったとしても元の IGW の利用を続けると，MANET 内でのホップ数が増し，無駄なトラヒックを発生させることになり，通信品質の劣化も生じる．最悪時には元の IGW へのパスの確保も困難になる．もし，ホップ

4.5 複数ゲートウェイを考慮したインターネット接続方式

数が少なくて済む近くの IGW へ切替を行えば，MANET 負荷の軽減，通信品質・通信継続性の向上が期待できる．そこで，インターネットノードと通信を行うノードはつねにホップ数が最小の IGW を選択し，移動中もつねに現行の IGW よりホップ数がより少ない IGW が見つかれば，その時点でその IGW へ切替を行うことが考えられる．このとき，新たな IGW が広告するプレフィックスを用いて気付アドレスを新たに生成する．このため，このノードに関係する経路が MANET 内に再構築されるまで，一定の時間を要し，その間，パケット転送の中断が起こることになる．この問題を解決するためいくつかの方法が提案されている．

（1）複数アドレス広告方式 プロアクティブ型ルーティングプロトコルを採用する MANET に適した方法であり，各ノードは複数 IGW から受信するプレフィックスに基づき，複数の気付アドレスを生成し，そのアドレスを常時 MANET 内に広告する．このため各ノードは複数のアドレスに関する経路を常時構築しておくことが可能で，ノードが別のアドレスに切り替えても MANET 内でそのアドレスに関する経路はすでに存在していることになる．IGW 切替が生じても経路再構築の必要はない．その代償として IGW の個数を n とすれば制御メッセージに含まれるアドレスの数も n 倍必要になる．

（2）ローカルアドレス利用方式 ノードは MANET 内のみで有効なアドレス（MANET ローカルアドレス）に基づいて経路構築を行う．ノードがインターネットノードへパケットを送信する場合，そのパケットを内部パケットとして外部パケットにカプセル化し，外部パケットの始点を自身の MANET ローカルアドレス，終点を選択している IGW の MANET ローカルアドレスに設定して送信する．このパケットを受信した IGW は内部パケットを取り出し，インターネットに送信する．逆にインターネットから MANET 内ノードへのパケットを受信した IGW はそのパケットを内部パケットとして外部パケットにカプセル化し，外部パケットの始点を自身の MANET ローカルアドレス，終点を終点ノードの MANET ローカルアドレスに設定して送信する．これを受信したノードは内部パケットを取り出し，通常のパケット受信

の処理につなげる。このように，本方式では MANET 内のパケット配送ではつねに MANET ローカルアドレスが利用されるため，IGW 切替が生じても経路再構築の必要はない。その代償として，ノード，IGW ではカプセル化の処理が発生し，カプセル化により MANET 内を配送されるパケットのサイズが大きくなることにより，貴重な無線帯域がそれだけ消費されることになる。

（3） **共通プレフィックス配布方式**　　複数アドレス広告方式，ローカルアドレス利用方式では IGW 切替に伴い気付アドレスを変更するので，アプリケーション中断などの影響が生じる可能性がある。これを避けるため，いったん獲得した気付アドレスを MANET 内で移動しても継続利用できる方式を考える。

　本方式では，IGW になるのは MANET のノードではなく AR であり，AR 自身が IGW 広告を発信する。また，ノードを収容する複数の AR があっても原則として，その中の一つの AR だけが IGW となる。AR と接続するノードをここではゲートウェイノード（GW ノード）と呼ぶことにする。新たに AR と接続した GW ノードはすでに存在する IGW からの IGW 広告をモニタし，受信した IGW 広告を AR へ通知する。AR は一定時間内に IGW 広告を受信しないときのみ自身が IGW となる。IGW 広告を受信した場合，AR はそれ自身 IGW にはならず，その代わりに受信した IGW 広告に含まれる既存 IGW のアドレスを知り，既存 IGW との間にインターネット経由でトンネルを生成する。トンネル生成には IP-IP カプセル化を適用可能である。この結果，既存 IGW が送信する IGW 広告がトンネル経由で直接 AR に届くようになる。AR はこの IGW 広告を自身に接続する GW ノード経由で MANET へブロードキャストする。この際，GW ノードは自身のアドレスをこの IGW 広告に含める。このため，複数 GW ノードがそれぞれ異なる AR に接続したとしても最初に GW ノードと接続した AR が IGW になり，その後に IGW が増えることはない。図 4.4 に本方式の概念図を示す。図では AR 1 が既存 IGW であり，GW ノード 1 を介してプレフィックス a を含む IGW 広告を MANET に送っている。その後，AR 2 が GW ノード 2 と接続し，IGW（AR 1）が生成する

4.5 複数ゲートウェイを考慮したインターネット接続方式

インターネット内のトンネル（IP-IP カプセル化）

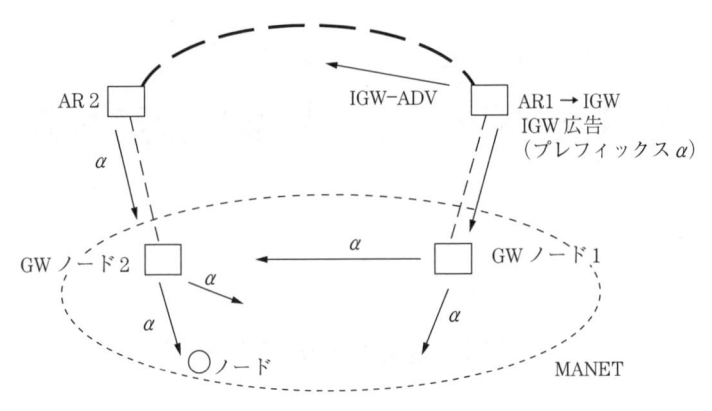

図 4.4 共通プレフィックス配布方式

IGW 広告を GW ノード 2 から受信し，IGW にトンネルを生成している．

その結果，IGW からの IGW 広告が AR 2，GW ノード 2 を介して MANET にブロードキャストされることになる．MANET 内のノードは GW ノード 1 と GW ノード 2 の双方から同じプレフィックス a を含む IGW 広告を受けるので，ホップ数などのメトリックに基づきどちらかの GW ノードを選択し，IGW 広告が指定するプレフィックスを用いて気付アドレスを生成する．その後，インターネットノードと送受するパケットはノードが選択した GW ノード経由で転送される．

本方式では一つの MANET において複数のノードが異なる AR に接続しても IGW は原則一つである．同じプレフィックスを持つ IGW 広告が IGW および IGW とトンネルを持つ複数の AR とそれらに接続する GW ノードを経由して，MANET に広告される．AR との接続を持たないノードは受信した IGW 広告に基づき，ホップ数最小となる GW ノードを選択し，気付アドレスを生成する．どの GW ノードからの GW 広告も原則同じプレフィックスを広告するので，ノードが MANET 内を移動し，GW ノードを変更しても気付アドレスの変更は生じない．

5 シミュレーションとテストベッドによる性能評価

5.1 性能評価の基本[1]

　MANET，メッシュネットワークの性能評価には大別して理論的アプローチ，**シミュレーション**，**テストベッド**の三つがある。理論的アプローチとして，MANETのノード当りのスループットとノード数に関する理論的限界を定式化したものが知られている[2]。また，MANETではノードが移動するため，任意のノード間にいつでも通信パスを確立できるとは限らない。このためネットワークの接続性をどのように計算するかという課題がある。これらの課題に対していくつかのグラフ理論的解析がなされている[3],[4]。

　物理・リンク層，ネットワーク層の実用的なプロトコルを想定し，MANETに一定のトラヒックが加わった場合のパケット配送率，パケット配送遅延時間，スループットなどを評価するにはモデルの複雑さのため理論解析は困難な場合が多く，通常シミュレーションが利用される。代表的なシミュレーションツールとして **ns-2, GloMoSim**（その商用版の **QualNet**），OPNETなどがあり，多くのシミュレーション研究で利用されている。MANETの性能評価をシミュレーションで行うには物理層，リンク層，ネットワーク層の詳細なモデル化が必要であり，これらのシミュレーションツールにあらかじめ組み込まれている機能を利用することにより，効率的に性能評価を進めることができる。シミュレーションは様々な環境設定，条件設定，再現性確保が容易であり，性能評価の有効なツールであるが，あくまでモデルに基

づく評価であり，実際の性能を表すわけではない．実際に構築される MANET の物理環境，電波環境は様々であり，アンテナや無線通信デバイスも多くの種類がある．プロトコルの標準化がなされても実装依存の部分も多い．また，ユーザが実際に使って評価することも必要である．このため，実際に MANET を構築し実験を行うことは MANET 技術を実用化するために重要であり，テストベッドによるアプローチにも多くの試みがある．MANET のテストベッドにはノード数が数台の小規模なものが大半であるが，数十ノード以上の大規模なものまでの開発例がある．小規模であっても実際の環境に近い MANET を構築するには無線通信デバイスの通信距離に依存して広大なエリアが必要になる．また，ノード数が多くなるほど実験自動化・効率化の必要性が高まる．また，一般にテストベッドでは環境の制御に限界があり，実験の再現性を得ることが困難である．これらの点を考慮したテストベッドの開発が必要になる．

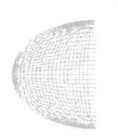

5.2 シミュレーションを用いた評価例[5]

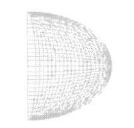

5.2.1 インターネット接続のモデル化

（1） 比較する方式と条件　4.5 節において複数ゲートウェイを考慮したインターネット接続方式として複数アドレス広告方式，ローカルアドレス利用方式，共通プレフィックス配布方式の 3 方式の概要を述べた．ここではこれらの 3 方式に加えて，単純切替方式と継続利用方式を比較対象として検討する．単純切替方式は最も簡単な方式であり，IGW 切替時に新たな気付アドレスを獲得し，そのアドレスの利用を新たに開始する方式である．継続利用方式はノードの移動に関わらず，最初に選択した IGW を使い続ける方式である．ただし，その IGW とのパスを確立できなくなった場合には新たに IGW を選択する．ここではこれら 5 方式の性能をシミュレーションによって評価する．

　ノードは携帯端末であるため，処理能力や使用できるメモリ量は比較的少ない．MANET が使用する無線帯域も MANET の共用リソースであるため，

ボトルネックが生じやすい。これに対して，ノードと AR 間のアクセス回線とインターネット側は MANET 側に比べてリソース使用面の制約は少ないと考えられる。以下の評価では，MANET の外部はノードと AR 間のアクセス回線を含めて十分な帯域リソースを有するものと仮定し，MANET 内のリソースと負荷のみに着目する。

（2） **シナリオと移動モデル** 建設現場など，多くの作業者，工事車両が MANET ノードとして動きまわるエリアを想定する。800 m×300 m の長方形のエリアに 50 台のノードが存在し，そのうちの n 台のノードが MANET インタフェースに加えて AR への移動通信無線インタフェースを持ち，常時 AR への接続が可能であるものとする。この n 台が複数アドレス広告方式とローカルアドレス利用方式では IGW，共通プレフィックス配布方式では GW ノードとなる。以下では，これらをまとめて単にゲートウェイ（GW）と呼ぶ。各ノードは**ランダムウェイポイントモデル**に従ってエリア内を移動する。このモデルでは，各ノードは現在地点からエリア内にランダムに選択された目標に向かって直線的に一定速度で前進する。この速度は与えられた最小速度，最大速度区間の中からランダムに選択される。目標に達すると与えられた一定時間（ポーズ時間）停止した後，エリア内にランダムに選択されたつぎの目標に向かって前進する。このような移動をシミュレーション時間中繰り返す。

（3） **通信モデルとプロトコル** 電波伝搬モデルとしては 2 波反射モデル，物理・リンク層の通信プロトコルとしては IEEE 802.11 無線 LAN（アドホックモード，RTS/CTS なし）を想定する。**RTS/CTS** は隠れ端末問題を解決する機能である。しかし，アドホックネットワーク，メッシュネットワークでは別の問題として晒し端末問題が生じ，RTS/CTS は晒し端末問題を悪化させる問題がある[6]~[8]。このように，RTS/CTS の採用により必ずしも性能向上の効果が期待できないことを考慮し，RTS/CTS は使用しないものとする。リンク層では最大 7 回までの再送を行う。また，リンク切断を検出し，ネットワーク層に伝えるリンク層通知（6.2 節参照）を使用する。ネットワーク層は IP を想定する。これらのモデルをサポートするシミュレーションツールとし

てQualNetを利用した。ネットワーク層からMAC層に送出するパケットを待機させる制御パケットとデータパケット用の二つのインタフェースキューがあり，それぞれのサイズは51 200バイトである。制御パケットが優先処理される。ネットワーク（IP）層のルーティングプロトコルは2.6.4項に述べた**OLSRv2**を想定する。このプロトコルにはIGW広告の機能，複数アドレス広告機能が備わっている。OLSRv2の実装として新潟大学で開発されたnOLSRv2[9]を用いた。このソースコードは実機とQualNetのそれぞれの環境に対してコンパイル可能である。アプリケーションとしてはVoIPを想定し，RTP/UDPプロトコル上でCBRタイプのフローを送信する。すべての通信はインターネットノードとの通信とし，与えられたVoIPフロー数をmとするとき，GW以外からランダムに選択されたm個のノードが通信を行うものとする。これらのシミュレーション条件を**表5.1**，**表5.2**にまとめる。表5.2の各パラメータの内容は2.6.3，2.6.4項に述べた通りであり，**NHDP**，OLSRv2のデフォルト値を使用している。

表5.1　シミュレーション条件

項　目	条　件
エリア	800 m×300 m
端末数	50
移動モデル	ランダムウェイポイント
移動速度，ポーズ時間	0〜3 m/s，0 s
物理モデル	自由空間2波モデル
MACプロトコル	802.11b，RTS/CTSなし
帯域幅	11 Mbps
通信距離，キャリアセンス距離	100 m，440 m
インタフェースキュー	51 200バイト
アプリケーション	CBR 50パケット/s パケットサイズ：172バイト

表5.2　OLSRv2のパラメータ

パラメータ	デフォルト値
ハローメッセージ周期	2 s
ハローメッセージ保持時間	6 s
TCメッセージ周期	5 s
TCメッセージ保持時間	15 s

シミュレーション開始後1200秒間はフローを加えず，ノード移動とルーティングプロトコルのみが動作する．その後の10秒間の間に与えられた数のフローがランダムに発生し，それぞれ900秒間継続する．同一の条件で10回のシミュレーションを繰り返し，得られた結果の平均を求めた．煩雑さを避けるため，以降の性能比較の図中には示していないが95%信頼区間を求め，シミュレーションの精度を確認している．一例として，GW数$n=2$，VoIPフロー数$m=3$の場合，単純切替方式，共通プレフィックス配布方式の配信率はそれぞれ，81.1〜90.9，92.2〜97.6%となり，5.2.2項の図5.1における性能比較の妥当性を確認できる．

（4）**IGW/GWノード選択メトリック** 簡単のため，ノードからのホップ数が最小のIGW/GWノードを選択するものとする．同じ場合にはランダムに選択する．また，継続利用方式を除いて，通信中によりホップ数の少ないIGW/GWノードが検出された場合にはただちに切替を行うものとする．

5.2.2 シミュレーション結果と分析

GW数nを2に設定したシミュレーション結果を図5.1〜図5.3に示す．横軸をフロー数とし，縦軸はそれぞれ平均パケット配送率（以下では配送率），平均パケット配送遅延時間（以下では遅延時間），平均ホップ数（以下ではホップ数）である．フロー数が3のとき，複数アドレス広告方式，ローカルアドレス利用方式，共通プレフィックス配布方式の3方式（以下では3方式）はほぼ同等の配送率であり，継続利用方式，単純切替方式より高い配送率を示す．単純切替方式ではIGW変更に伴い，経路の再構築が必要になるため，パケット配送率は3方式より低下する．フロー数が増えるとどの方式でも配送率が序々に低下する．3方式と単純切替方式ではほぼ一定の割合で低下する．継続利用方式では，図5.3が示すようにホップ数が増大するため，無線帯域の負荷が増大する．この影響はフロー数が多くなるにつれて大きくなり，遅延の増大（図5.2）と大きな割合での配送率の低下を招くと考えられる（図5.1）．なお，図5.2で単純切替方式の遅延は3方式より低いが，これは図5.3のように

図 5.1 CBR フロー数と配送率

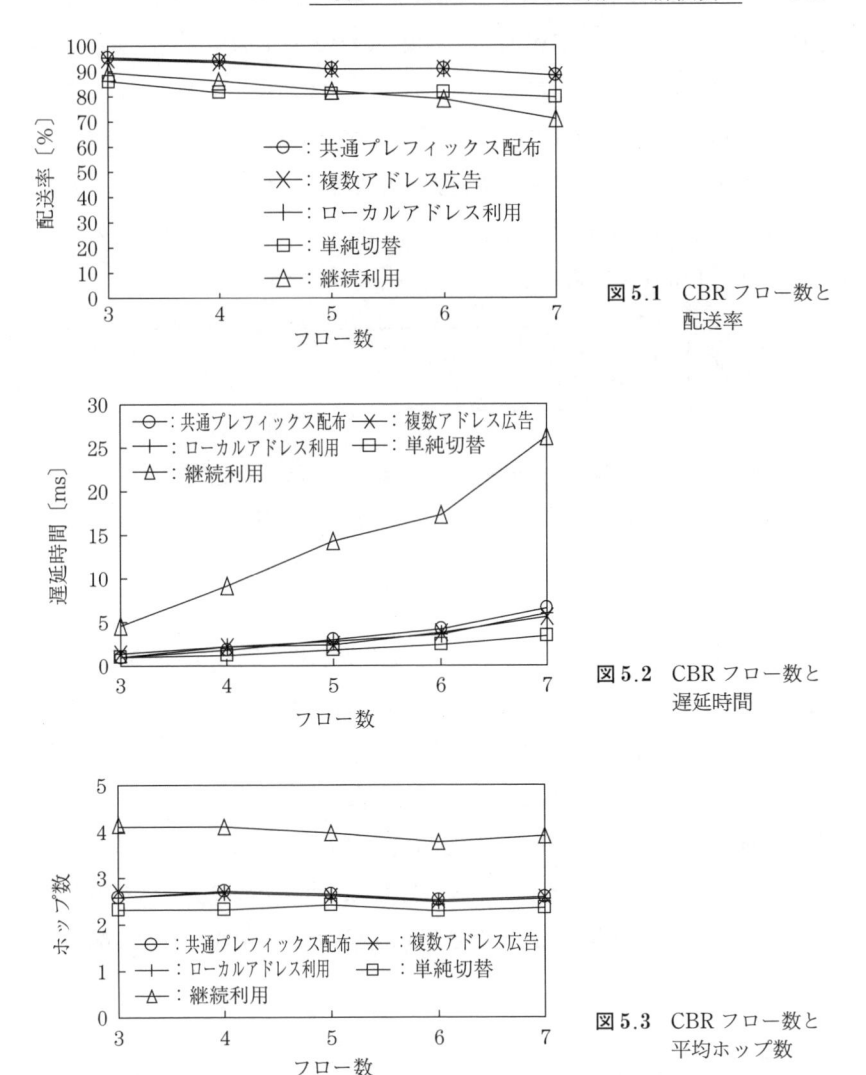

図 5.2 CBR フロー数と遅延時間

図 5.3 CBR フロー数と平均ホップ数

ホップ数も少ないことによる．単純切替方式では経路構築の間，パケットを廃棄する．また，ホップ数が比較的多い場合に IGW 切替が生じる可能性が高い．他の方式ではそのような場合もパケット配送を継続するが，単純切替方式ではそれらのパケットを廃棄するため，相対的にホップ数が少なくなると考えられる．

図 5.4 にフロー数が 3，GW 数が 2 の場合のパケットの損失内訳を示す．損失原因として，経路なし，MAC キューのオーバフロー，MAC タイムアウト（最大再送回数の再送を行っても ACK タイムアウトにより転送失敗）がある．3 方式の特性はほぼ同じである．単純切替方式ではパケット損失の主要因は経路なしである．継続利用方式では経路なしとオーバフローが主要因である．これは上述の分析結果と整合している．

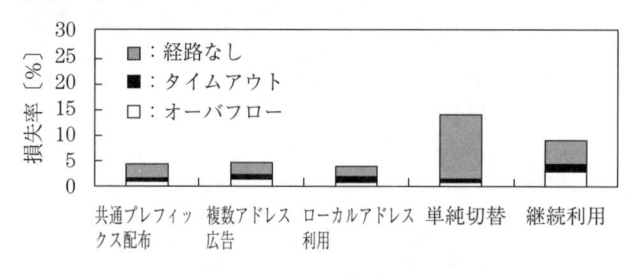

図 5.4 パケット損失の内訳

フロー数 m を 3 に設定したシミュレーション結果を図 5.5〜図 5.7 に示す．横軸を GW 数とし，縦軸はそれぞれ配送率，遅延時間，ホップ数である．図 5.7 に示すように継続利用方式では GW 数が変化してもホップ数はほぼ一定であるが，他の方式では GW 数が増えるにつれて，ホップ数が減少する．このため，配送率増加（図 5.5），遅延時間減少（図 5.6）の傾向となる．

ここまでの評価では，複数アドレス広告方式，ローカルアドレス利用方式は共通プレフィックス配布方式に比べて多少のオーバヘッドを伴うが，配送率，

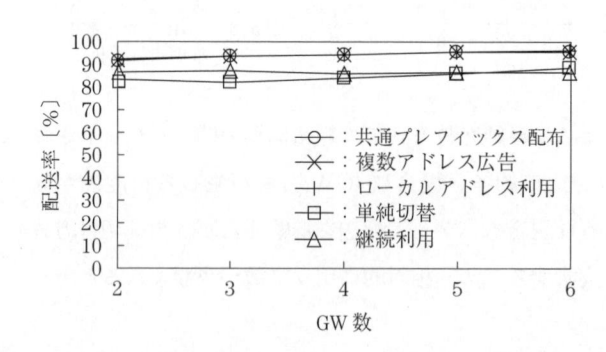

図 5.5 ゲートウェイ数と配送率

5.2 シミュレーションを用いた評価例

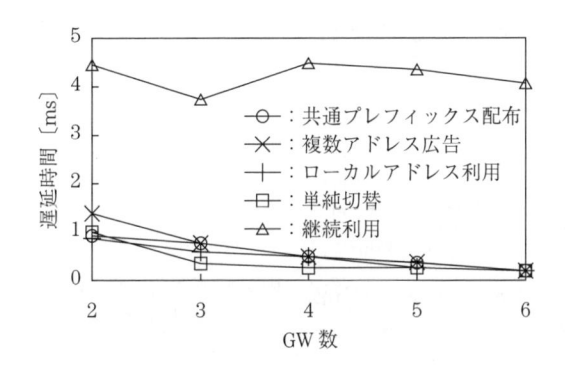

図 5.6 ゲートウェイ数と遅延時間

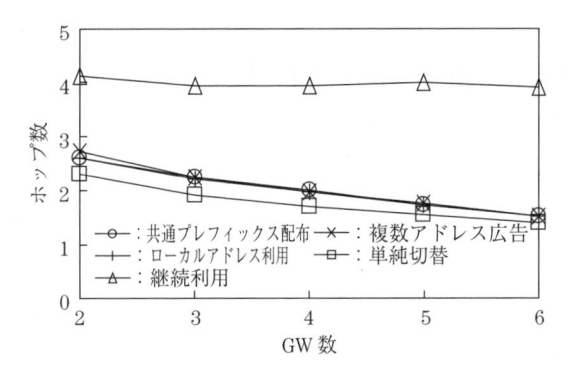

図 5.7 ゲートウェイ数と平均ホップ数

遅延時間が大きく劣化するような問題にはならないことがわかる．しかし，これらの方式ではアドレス変更を避けられないため，アドレス変更時にはアプリケーションが中断し，ユーザが再接続するなどの対応が必要になる．そこで，アドレス変更時には一定のアプリケーション中断時間が生じ，この間，パケットが破棄されると仮定し，中断時間をパラメータにとって，配送率を求めた結果を図 5.8 に示す．ここで，GW 数 n を 3, VoIP フロー数 m を 3 としている．この図に示されるように，アドレス変更による中断時間が長くなるほど，複数アドレス広告方式，ローカルアドレス利用方式では配送率が低下することがわかる．一方，共通プレフィックス配布方式ではアドレスの継続利用が保証されるため，このような問題が生じないことが大きな利点である．

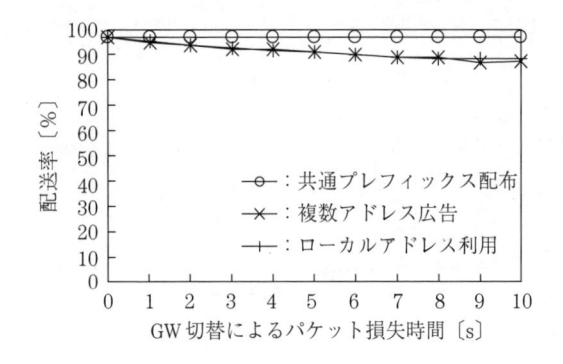

図 5.8　アドレス変更による中断時間の影響

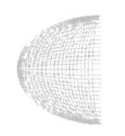

（グラフ凡例）
- ○：共通プレフィックス配布
- ＊：複数アドレス広告
- ＋：ローカルアドレス利用

縦軸：配送率 [%]、横軸：GW 切替によるパケット損失時間 [s]

5.3 テストベッドを用いた評価例[10)]

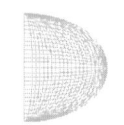

5.3.1 テストベッドの概要

2004 年 11 月に新潟大学構内に構築された屋外テストベッドは固定設置のノード数が 50 あり，2005 年には 5 ノード増設された．屋外の MANET テストベッドとして世界最大規模と考えられる．ノードの配置箇所を図 5.9 に示す．ノードの小型化，省電力化，低コスト化，長期間の故障耐力などの観点からディスクレス小型制御装置を採用した．OS には Linux を採用した．これは OS を始め，無線 LAN デバイスドライバ，各種ツールが豊富で無料で利用できるためである．MANET の各種ルーティングプロトコルも Linux ベースで開発されたものが多い．IEEE 802.11b 無線 LAN カードを PCMCIA カードインタフェースに，64 M バイトの CF メモリと 512 M バイトの USB メモリをそれぞれのインタフェースに挿入する．テストベッド構築当時 Linux の IEEE 802.11a/b/g 対応無線 LAN デバイスドライバの中でアドホックモードが安定動作するものは IEEE 802.11b 規格対応のもの（ORiNOCO）のみであったため，これを採用した．64 M バイトの CF メモリはツールやルーティングソフトウェアのファイル格納場所として使用する．これにより，各ファイルのバージョンアップなどが容易に行える．512 M バイトの USB メモリは実験中に出力されるログファイルの格納場所として使用する．これらは必要に応

5.3 テストベッドを用いた評価例　　147

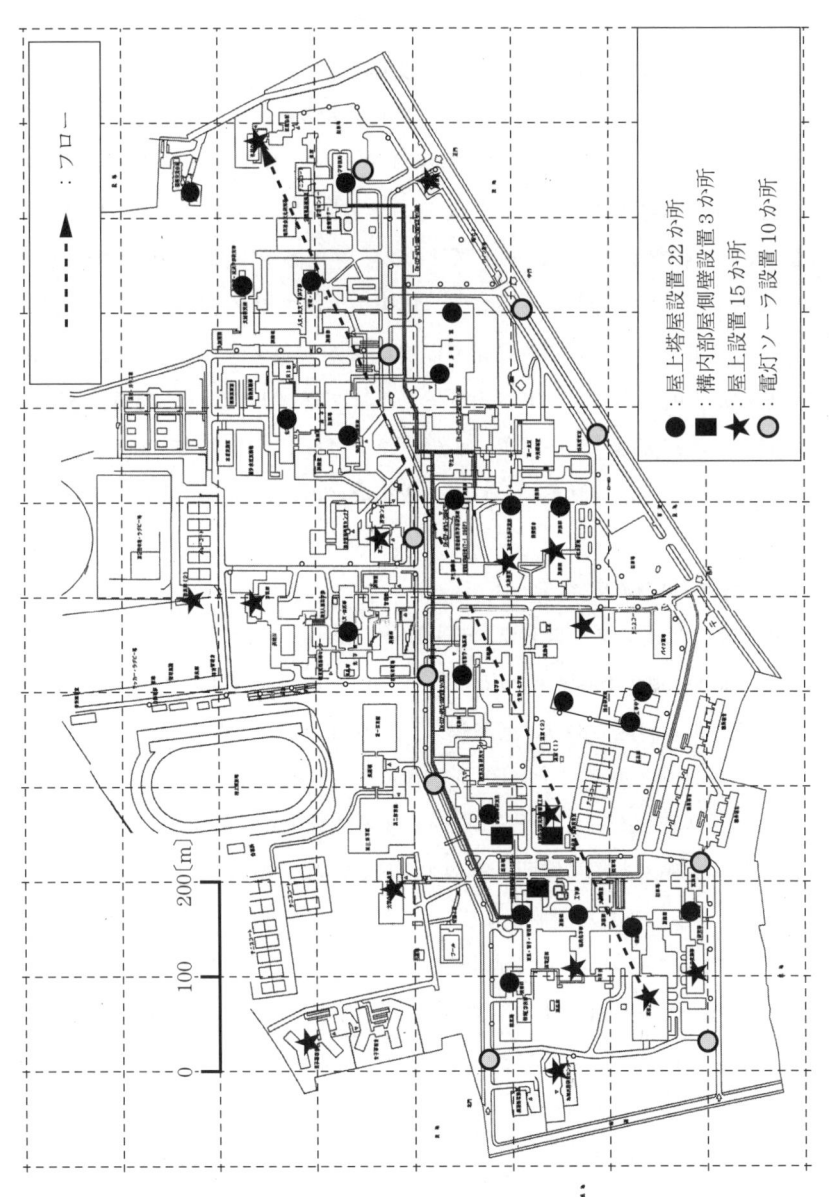

図 5.9　テストベッドを用いたフロー送信実験

じて適正な容量のメモリに入換え可能であり，柔軟な拡張性を有している．無線 LAN カードは外部アンテナ接続コネクタを有しており，7 dBi の無指向性コーリニアアンテナに接続する．ノード設備自体は屋内に設置し，屋上，壁面の外部アンテナにケーブル接続するタイプ I と道路沿いの街灯柱に設置した箱内に収容し外部アンテナにケーブル接続するタイプ II を設けた．タイプ I のノードは Ethernet インタフェースにより，学内 LAN に設定したテストベッド用 VLAN とも接続している．タイプ II のノードは商用電源の利用が難しかったためソーラパネルで給電する．また，無線 1 ホップでタイプ I のノードのいずれかと接続可能である．これにより制御端末から各ノードまで VLAN 経由のパスを設定可能でありノードへのルーティングソフトウェア，無線 LAN デバイスドライバ，実験サポートツールのダウンロード，実験パラメータ設定，実験シナリオの設定，自動実験，ログの収集などの遠隔制御が可能になる．

5.3.2 無線 LAN の動作モード

無線 LAN には**インフラストラクチャBSS**（basic service set）と**独立 BSS**（**IBSS**：independent basic service set）とがある．前者はアクセスポイントを介して通信する形態であり，後者はステーションどうしが直接通信する形態である．インフラストラクチャBSS を構成する無線 LAN の動作モードをインフラストラクチャモード，IBSS を構成する無線 LAN の動作モードをアドホックモードと呼ぶ．同じ場所に複数の BSS がある場合，それらを区別するため 48 ビットの **BSSID** が割り当てられる．インフラストラクチャBSS の場合，BSSID はアクセスポイントの無線インタフェースの MAC アドレスである．IBSS の場合，BSSID はランダムな値であり，二つのステーション間のやりとりで決められる．インフラストラクチャBSS ではアクセスポイントが周期的にビーコンフレームを送出する．IBSS ではステーションがビーコンフレームを送出する．BSSID はビーコンフレームの中に含めて他ステーションに通知される．各ステーションではフレーム受信時，MAC で BSSID のフィルタリングを行う．これによって所属外の無線 LAN からのブロードキャスト

を受信する必要がなくなる．

　インフラストラクチャBSSを構成するアクセスポイントにはあらかじめ使用チャネルが設定されている．ステーションはチャネルスキャンを行い，アクセスポイントからのビーコンを受信し，使用チャネルとBSSIDを知る．一方，IBSSでは使用チャネルとBSSIDを自律分散的に決定するメカニズムが必要になる．

　MANETでは複数のノードが対等の関係にあるのが基本であり，アドホックモードを利用することが前提となる．なお，メッシュネットワークではインフラストラクチャモードの利用も考えられる．アドホックモードを利用するMANETにおいて複数のノードが相互に通信できるためには，各ノードの無線インタフェースに共通チャネル，共通BSSIDを割り当てる必要がある．これを自律分散的に行うのは困難であるため，通常は，あらかじめチャネルとBSSIDのデフォルト値を設定しておくことになる．新潟大学のテストベッド構築時には，BSSIDを任意値に設定する無線LAN製品が見当たらなかったため，BSSIDを0（アドホックデモモード）と設定した．これはIEEE 802.11の規格外のモードである．この場合，ビーコンの送出が行われないので，リンク層では隣接ノードの発見ができなくなる．しかし，MANETではネットワーク層でハローメッセージの交換を行うことにより，ネットワーク層での隣接ノードの発見が可能である．また，ARPにより隣接ノードのMACアドレスも解決できる．したがって，ビーコンがなくても特段の支障は生じない．ただし，同じ場所に複数のMANETが存在してもMACでのBSSIDフィルタリングはできなくなる．本テストベッドでは，2006年12月よりBSSIDの任意値設定も可能である．

5.3.3　自動実験方式

　本テストベッドはシナリオによる自動実験方式を採用している．シナリオは無線LAN設定パラメータ，起動するルーティングソフトウェア，加えるフローのパターンやトラヒック特性などの実験条件を記述するものであり，一連

のコマンドおよびコマンド起動時刻（実験開始後，そのコマンドを実行するまでの時間）を並べたリストからなっている。各シナリオを識別するためシナリオ番号を使用する。実験開始前にルーティングソフトウェアと必要なツールを各ノードに配布・実装する。これらのツールは自動シナリオ実行ツール，CBR タイプのフローを生成するフロージェネレータ，ネットワークインタフェースを出入りするパケットをキャプチャし，ログに記録するツール（パケットキャプチャ），無線 LAN 動作状態をログに記録するツール，経路情報をログに記録するツールなどである。実験は以下の手順で実行する。

① 実験に用いる複数のシナリオ（シナリオファイル）を作成する。各シナリオには識別番号が与えられる。
② 使用する実験対象ノードを制御端末上の実験対象ノードリストに登録する。
③ シナリオファイルを実験対象ノードリストの全ノードに配布する。
④ 対象ノードの時刻同期をとる。
⑤ 実験を行うシナリオの番号と実験開始時刻のリスト（シナリオセット）を対象ノードへ送信する。
⑥ 自動的に実験が起動される。
⑦ 実験終了後，各ノードからログファイルを収集する。

ステップ③〜⑤と⑦は制御端末より遠隔制御される。実験対象ノードはシナリオセットに従って，各シナリオを指定時刻に起動し，シナリオ内容に従ってフロー送信実験を行い，現シナリオを終了するとつぎのシナリオに一斉に切り換える。これをシナリオ同期と呼ぶ。シナリオ同期をとるため，④で各ノードのローカルタイムを NTP プロトコルにより制御端末のローカルタイムに合わせる。時刻同期は各ノードのクロック差のため完全には一致できないが，シナリオ間に時間マージンを挿入することにより 1 日程度のシナリオ同期を維持できる。シナリオ同期が維持できている状態であれば，各ノードのログファイルを収容するメモリが満杯にならない限り，実験を継続することが可能である。各ツールは実験中に多量のログデータをダンプする。1 時間程度の通信実験で約 30 M バイトのログデータが生じることからメモリ容量を考慮すると，

約15時間の連続実験が可能である．実験終了後，得られたログファイルを回収し，解析を行うことで，データパケットのトレースが可能になり，経路情報，パケットごとの受信電力，スループット，パケット配送率などを知ることができる．

5.3.4 実　　験　　例

実験1：BSSIDの不整合問題検証　5.3.2項に述べたように，アドホックモードを利用するMANETにおいて，各ノードの無線インタフェースに共通チャネル，共通BSSIDを割り当てる必要がある．ここでは共通チャネルについてはチャネル11に固定設定し，BSSIDについては使用する無線LAN製品のBSSID自動選択機能に任せた場合の問題を検証した．この結果，多くのノードが同時に無線LANインタフェースを動作させると，使用した製品のアドホックモードではBSSIDの不整合が生じることを確認した．その一例を図5.10に示す．この図は本テストベッドにおいて50ノードの無線LANインタフェースを同時に起動後，26分後に各無線LANインタフェースのBSSIDの値を取得したものである．異なるBSSIDを持つ五つのグループが生じている．

　起動された各ノードの無線LANインタフェースはビーコンフレームにより周囲の無線LANインタフェースのBSSIDを認識し，同期する．しかし，広いエリア内で複数無線インタフェースが同時に起動されるとBSSIDの同期プロセスが同時進行し，複数のノードグループにおいて異なるBSSIDに収束することになる．BSSIDの同期制御アルゴリズムは，IEEE 802.11の標準規格には規定がなくこの機能の仕様と実装は製品に依存するため，製品が異なれば異なる結果となる可能性もある．BSSIDの異なるノード間ではMACでのBSSIDフィルタリングによりブロードキャストパケットの送受信ができないため，アドホックネットワークを構成できない．このため，5.3.2項に述べたように，本テストベッドでは当初アドホックデモモードによりBSSIDを0に固定設定して実験を行った．

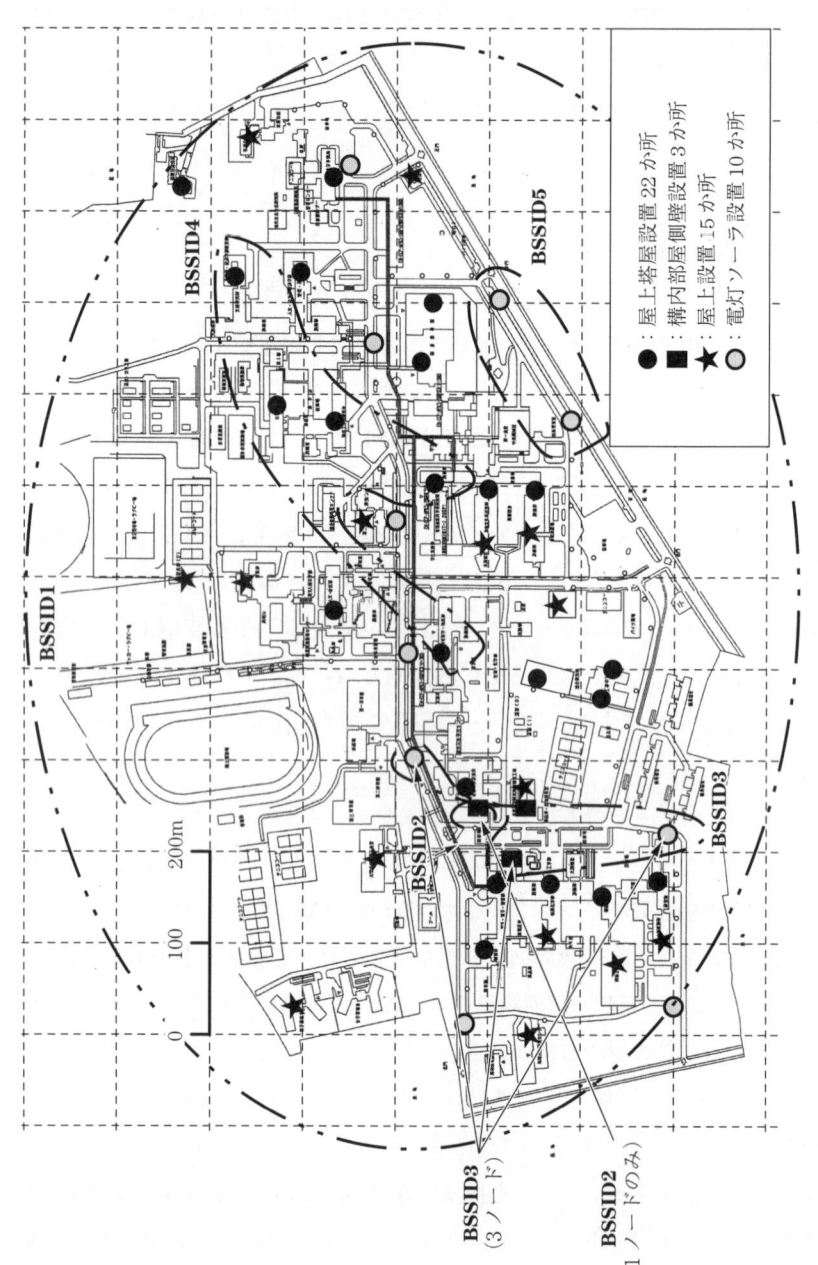

図 5.10 BSSID 不整合の検証実験結果

実験 2：リンクフィルタリングを利用した経路選択効果の検証[11]

（1） リンクフィルタリング　メッシュネットワークのようにノードが固定の場合，あらかじめリンクの性能/品質を判定し，適切な閾値を用いて不要なリンクを経路選択の対象から排除（リンクフィルタリング）し，使用リンクについては最適レートに固定設定することにより，ネットワークスループット向上の可能性がある。リンクフィルタリングの具体的な方法としては，Linuxのパケットフィルタ機能である iptables を用いて，受信したパケットの始点 IP アドレスが不要リンクの送信インタフェースの IP アドレスに一致し，UDP 終点ポート番号が使用するルーティングプロトコルに割り当てられた番号（698）に一致した場合，そのパケットを廃棄する。

リンク品質指標としてユニキャスト時のパケット送信成功率（USR：unicast success ratio）とブロードキャスト時のパケット送信成功率（BSR：broadcast success ratio）を定義する。USR，BSR はネットワーク層における送信パケット数を a，受信パケット数を b とするとき，b/a で表される。ここで，USR はユニキャストであるので，MAC 層での再送を前提とする。BSR はブロードキャストであるので，再送は含まれない。実験に用いた無線 LAN ではブロードキャストは 2 Mbps のみ可能であった。

フロージェネレータを用いて各リンクの各レートにおける USR，BSR を測定した。チャネルは 11 である。USR 測定ではパケットサイズを 1 472 バイト，送信パケット数を 100 パケット/秒，測定時間を 100 秒間とした。このパケットサイズに UDP ヘッダ 8 バイト，IP ヘッダ 20 バイトを加えて 1 500 バイトになる。RTS/CTS は使用しない。BSR 測定ではパケットサイズを 512 バイト，送信パケット数を 100 パケット/秒，測定時間を 40 秒間とした。各レートの USR 閾値を 90% と 99%，2 Mbps の BSR 閾値を 80% と 90% に設定し，それぞれフィルタリングを行った。フィルタリング条件の一覧と，それぞれの条件によって選択されたリンク数を**表 5.3** に示す。

（2） スループット測定　使用した無線 LAN はリンクごとのレート設定ができないため，全ノードの無線インタフェースを同じレート（2，5.5，11

表5.3 フィルタリング条件

ラベル	フィルタリング条件	リンク数
a	フィルタリングなし	1 118
b	2 Mbps, USR 90% 以上	851
c	2 Mbps, USR 99% 以上	802
d	5.5 Mbps, USR 90% 以上	666
e	5.5 Mbps, USR 99% 以上	522
f	11 Mbps, USR 90% 以上	477
g	11 Mbps, UDR 99% 以上	359
h	2 Mbps, BSR 80% 以上	653
i	2 Mbps, BSR 90% 以上	528
j	固定経路	—

USR：ユニキャストパケット送信成功率
　　　（再送あり）
BSR：ブロードキャストパケット送信成功率
　　　（再送なし）

Mbps のいずれか）に設定した．チャネルは 11 を使用した．RTS/CTS は使用しない．

ルーティングプロトコルの実装として OLSR の実装の一つである UnikOLSR（OLSRd）[12]を使用した．図 5.9 に示すように距離が約 980 m と比較的離れている一対のノードを始点，終点として選択し，netperf を用いて UDP スループットを測定した．パケットサイズを 1 472 バイト，測定時間を 10 秒とし，10 回測定の平均値を結果とした．各ノードではパケットキャプチャツールを起動し，パケットの通過経路（ホップ数）を解析できるようにした．

図 5.11 に各フィルタリング条件におけるスループットを示す．この図より，フィルタリング条件 i を除いて無線 LAN の設定レートが高いほどスループットが高くなることがわかる．また，オートレートは 5.5 Mbps とほぼ同様の傾向を示す．条件 j は，最もスループットの高かったフィルタリング条件 f で最も多く利用された 3 ホップ経路を固定経路として設定した場合のスループット値であり，この値が本フローの最大スループットの目安になると考えられる．

無線 LAN のレートを 11 Mbps とした場合に着目すると，フィルタリングの中では条件 f の場合に最大のスループット値が得られており，条件 j の固定経路の場合に比較的近い値が得られている．フィルタリング条件 g は f より

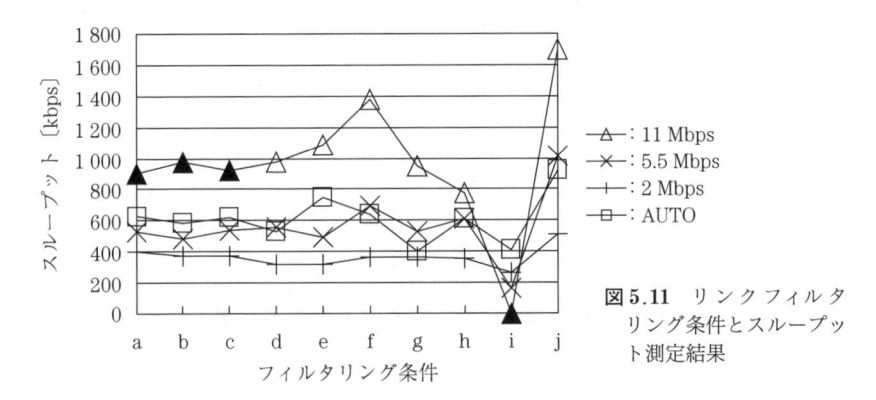

図5.11 リンクフィルタリング条件とスループット測定結果

フィルタリング条件が厳しいため，選択されたリンクの品質は高いがスループットはフィルタリング条件fの場合より低い．これは選択リンクを絞り込みすぎたため経路選択の自由度が減少しホップ数が増加したためと思われる．これは図5.12により確認できる．

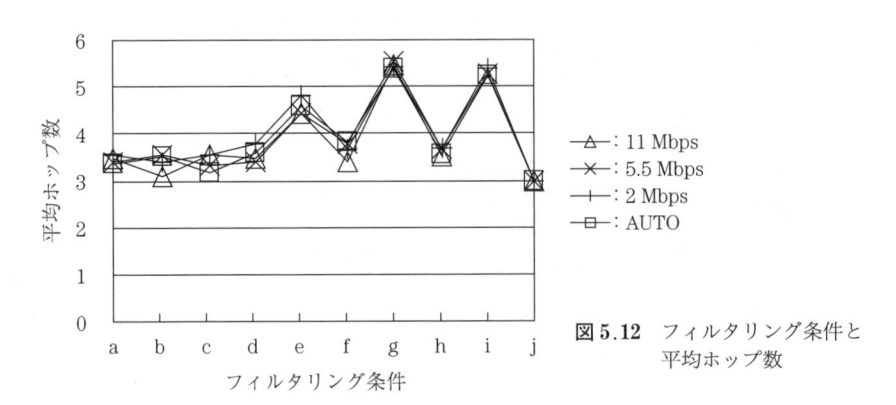

図5.12 フィルタリング条件と平均ホップ数

無線LANの送信レートが11 Mbpsの場合，フィルタリング条件a, b, c, iでは10回の計測すべてにおいて有効な11 Mbpsスループット測定ができたわけではなく，順に5回，2回，2回，0回であった．図5.11ではこれらの測定結果は▲のプロットで示されている．OLSRでは各ノードがハローメッセージをブロードキャストすることにより隣接ノードを発見する．ブロードキャストでは，2 Mbpsの送信レートが使用される．一般に送信レートが高く

なるほど，安定してパケットが到達する範囲が狭まるため，2 Mbps のレートでは安定したパケット送信が可能であっても 11 Mbps のレートでも安定したデータパケット送信が可能であるとは限らない．このため，11 Mbps のレートでは低品質になるリンクを含む経路が選択され，安定したスループットが得られなかったものと思われる．隣接ノード間でハローパケットが到達可能でもデータパケットが到達可能とは限らないことによりデータパケットの損失が増える問題はグレーゾーン問題と呼ばれている．そのおもな原因がハローパケットとデータパケットの送信レートの相違である[13],[14]．

条件 a（フィルタリングなし）ではオートレートの場合のスループット値，約 630 kbps が安定して得られる最大スループットとなる．一方，フィルタリング条件 f のスループット値は 11 Mbps のレートで約 1 380 kbps であることから 2 倍以上のスループットを達成しており，高速レート設定とリンクフィルタリングの効果が示されている．

実験結果に基づき，リンクフィルタリングの指針を以下に示す．

① 高速レートを有効に利用しスループット向上効果を得るため，高速レート（5.5 Mbps，11 Mbps）を使用したフィルタリングを行う必要がある．

② 閾値をどの程度にとるかはネットワークの構成（ノードの分布状態，密度など）によるので，一概にはいえないが，ユニキャストの場合は MAC 層に再送機能があることを考慮すると，閾値を比較的高い水準（90% 以上）にとることが望ましい．

③ ただし極端に高め（99% など）に設定すると，ホップ数が増えてスループットが減少する可能性があることに注意する必要がある．

④ さらに，閾値に関していくつかの値を試行し，スループットを検証することにより大きなスループット改善効果が得られる．

6 MANET，メッシュネットワークの技術課題，トピックス

6.1 リンクメトリック

　ルーティングプロトコルの役割は始点から終点までデータパケットを配送するための経路を構築することである。したがって複数の経路がある場合，その中から最適な経路を選択するための評価尺度（**メトリック**）が必要になる。最も単純かつ一般的なメトリックはホップ数である。すなわち，始点と終点間の最小ホップ数の経路を最適とし，ルーティングプロトコルは最小ホップ数の経路を選択するように動作する。このメトリックはパケット中継に要するネットワーク資源の使用量を最小化し，パケット配送遅延時間を最小化するねらいをもっている。特にリンクの帯域，性能などが比較的均等なネットワークでは，ホップ数は有効なメトリックと考えられ有線ネットワークでも一般的に利用される。

　MANET でもホップ数は測定，実装の容易さなどからよく使用される。しかし，無線マルチホップの通信形態をとることからホップ数は必ずしも適切なメトリックとはいえない場合がある。無線リンクは干渉，フェージングなどの影響で有線ネットワークに比べ，パケット損失率が一般に高く，リンクにより大きな差がある。リンク距離が大きい場合や遮蔽物がある場合には受信電力が小さくなり，パケット損失率が高くなる。マルチレートの無線伝送方式では無線リンクの状態により適切な符号化方式を選択することにより，送信データ速度（**レート**）が大きく変化する。さらに各リンクは独立ではなく，あるリンク

が使用されているときにはその周辺のリンクは使用できなくなる。これらの理由により，最短経路が単純に良い経路とはいえない場合が生じる。そこで様々なメトリックが提案されている。

これらのリンクメトリックを使用する場合，その測定方法が課題である。測定用のパケット送出を行うことにより，無線帯域が消費され，オーバヘッドとなる。また，ノードが移動する場合，測定中にリンクの状態が変動する可能性がある。ノードが原則移動しないメッシュネットワークでは後者の問題は生じないので，リンクメトリックに基づくルーティングプロトコルを実現しやすいといえる。

（1） **ETX**[1] パケット損失が生じると，それを検出し，再送を行う必要がある。**ETX**（expected transmission count）は各リンクで一つのパケットを送信する場合，再送も含めた平均パケット送信回数をリンクのメトリックとするものである。あるリンクにおいてパケットを送信したときのパケットの損失率（順方向損失率）を p_f，このパケットに対する ACK パケットの損失率（逆方向損失率）を p_r とすると，パケット送信に失敗する確率 p は式(6.1)で表される。

$$p = 1-(1-p_f)(1-p_r) \tag{6.1}$$

パケット再送に k 回目に成功する確率 $s(k)$ は式(6.2)で表される。

$$s(k) = p^{k-1}(1-p) \tag{6.2}$$

このとき，リンク ETX は式(6.3)で表される。

$$\mathrm{ETX} = \sum_{k=1}^{\infty} k s(k) = \frac{1}{1-p} \tag{6.3}$$

リンク ETX が小さいほどパケット送信に成功するまでのパケット送信回数，送信時間が少なくなる。すなわち，リンク占有時間が短くなる。単位時間に送信可能なパケット数（スループット）は ETX の逆数に比例するので，ETX はスループットのメトリックにもなっている。

始点，終点間のパスの ETX はパスに含まれる各リンク ETX の総和として表される。パス ETX はパケット配送のために消費するリソースに関するメト

リックを意味する。また，パス内のリンクが相互に干渉範囲にある場合には，あるリンクを使用中は他のリンクを使用できない（フロー内干渉）ので，パスETXはパケット配送遅延時間とパスのスループット（パススループット）のメトリックになる。

（2） **ETT**[2),3)]　ETXではリンクの送信レートは考慮されていない。**ETT**（expected transmission time）はパケット損失率と送信レートの両方を考慮するメトリックである。ETTはあるリンクにおいてサイズSのパケット送信に成功する平均時間であり，Bを送信レートとして，式(6.4)で表される。

$$\text{ETT} = \text{ETX}\frac{S}{B} \tag{6.4}$$

式(6.4)はフレーム間スペース（SIFS，DIFS）[†1]，バックオフ時間[†2]，固定レートでのプリアンブル・ヘッダ送信時間[†3]，ACKなどの制御メッセージの送信時間，伝搬遅延時間などのオーバヘッドを無視して単純に定式化されている。パケット損失率が大きい場合やパケット衝突が多い場合は2進指数バックオフの影響が大きくなるので，その影響を考慮することも考えられる。パスのETTはパスに含まれる各リンクETTの総和で表される。パスETXと同様にパスETTはパケット配送に消費されるリソース，パケット配送遅延時間，

[†1] IEEE 802.11規格において定められた送信機が信号を送信する前に必要な最低限の送出信号間隔（IFS：inter frame space）。通常のデータフレームにはDIFS（分散制御用フレーム間隔），ACKなどの優先フレームにはより短いSIFS（短フレーム間隔）が適用される。

[†2] IEEE 802.11規格で定められた衝突回避の方法。フレームを送信しようとする送信機は規定のCW（contention window）範囲内で乱数を発生させ，バックオフ時間（一定のスロット時間の倍数）を決める。IFSに引き続き，スロット時間ごとにチャネルがアイドルであればバックオフ時間を減算し，バックオフ時間が0となった送信機が送信する。フレームの衝突などによる再送ごとにCWの範囲を2倍に増加する。

[†3] IEEE 802.11無線LANの物理層は物理層コンバージェンス手順副層（physical layer convergence procedure sublayer，PLCP副層）と物理媒体依存副層（physical media dependent sublayer，PMD副層）からなる。PLCP副層はMACフレームにプリアンブル（送信機と受信機を同期させるため，変調方式に依存し，必要な場合に付加）とPLCPヘッダを付加する。プリアンブルとPLCPヘッダの部分の送信レートは無線LANの方式により固定的に与えられる。MACフレームの部分は方式により送信レートは可変であり，選択された送信レートが使用される。

パススループットに関するメトリックになっている。

（3） **WCETT**[2]　ETX，ETT はすべてのリンクが同一のチャネルを使用することを前提とするメトリックである。IEEE 802.11a/b/g の場合，周波数帯が重ならない複数のチャネル（非オーバラップチャネル）が利用可能である。複数インタフェース，複数チャネルを利用する MANET，メッシュネットワークでは一つのパスにおいて，各リンクに異なるチャネルが割り当てられる場合がある。このような場合のパスメトリックとして **WCETT**（weighted cumulative ETT）が提案されている。WCETT は式(6.5)のように定式化される。

$$\mathrm{WCETT} = (1-\beta)X + \beta Y \tag{6.5}$$

ここで，X はパス ETT，Y はパス上で同じチャネルが割り当てられたリンクの ETT の総和を各チャネルについて求めたときの最大値である。β は0と1の間の値をとる重みである。X はパケット配送に消費するリソースの尺度となっており，Y はパススループットの尺度となっている。

（4） **MIC**[4]　WCETT は異なるチャネルが利用される環境においてフロー内干渉を考慮する方式であるが，フロー間干渉は考慮されていない。MIC（metric of interference and channel-switching）は両者を考慮したメトリックであり，フロー間干渉を反映する IRU（interference-aware resource usage）とフロー内干渉を反映する CSC（channel switching cost）の二つのメトリックを組み合わせたものである。IRU は式(6.6)で定義される。

$$\mathrm{IRU}_{ij}(c) = \frac{\mathrm{ETT}_{ij}(c)}{\min(\mathrm{ETT})} \times \frac{|N_i(c) \cup N_j(c)|}{N} \tag{6.6}$$

$N_i(c)$ は，ノード i がチャネル c を使って送信するとき干渉するノードの集合である。したがって，式(6.6)はノード i からノード j へチャネル c を使って送信することにより消費されるノード i, j の隣接ノードのチャネル時間の総和であり，フロー間干渉を表す。$\min(\mathbf{ETT})$ はネットワーク内の最小 ETT，N はノード総数であり，それぞれ，第1項，第2項の値を正規化するために使用されている。

ノード i の CSC は式(6.7)で表される。

$$\mathrm{CSC}_i = \begin{cases} w_1 & \text{if } \mathrm{CH}(\mathrm{prev}(i)) \neq \mathrm{CH}(i) \\ w_2 & \text{if } \mathrm{CH}(\mathrm{prev}(i)) = \mathrm{CH}(i) \end{cases} \quad (6.7)$$

$$0 \leq w_1 < w_2 \quad (6.8)$$

ここで CH(prev(i)) はノード i の直前のホップで利用されるチャネル，CH(i) はノード i が次ホップへの送信で使用するチャネルを表す。式(6.8)はノード i と直前のホップが同じチャネルを使用する場合に別のチャネルを利用する場合より高いコストを与えることによりフロー内干渉を表している。

このときパス p の **MIC** は式(6.9)で表される。

$$\mathrm{MIC}(p) = \sum_{\mathrm{link}\, l \in p} \mathrm{IRU}_l + \sum_{\mathrm{node}\, i \in p} \mathrm{CSC}_i \quad (6.9)$$

2.1 節に述べたように，リンク状態型のルーティングプロトコルでは Dijkstra，距離ベクトル型のルーティングプロトコルでは Bellman-Ford のアルゴリズムを用いて始点から終点までの経路を効率的に求めることができる。このためにはメトリックが isotonicity[5),6)] という性質を持つことが必要である。WCETT，MIC はそのままではこの性質を持たないため，各ノードでの経路計算の結果，経路ループが生じる可能性がある。MIC メトリックに関して，元のネットワークを isotonicity を満たすネットワークに変換することにより，Dijkstra，Bellman-Ford のアルゴリズムを適用可能とする方法が提案されている[4)]。

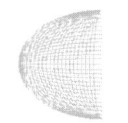

6.2 クロスレイヤ設計

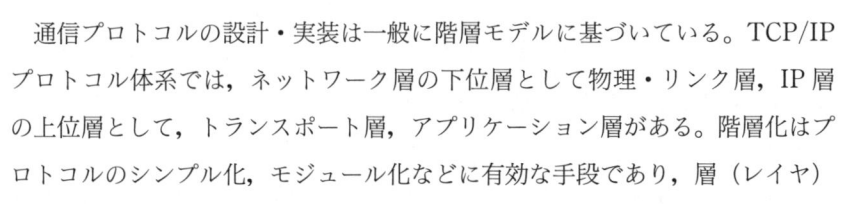

通信プロトコルの設計・実装は一般に階層モデルに基づいている。TCP/IP プロトコル体系では，ネットワーク層の下位層として物理・リンク層，IP 層の上位層として，トランスポート層，アプリケーション層がある。階層化はプロトコルのシンプル化，モジュール化などに有効な手段であり，層（レイヤ）ごとの独立した設計，拡張などが可能になる。一方，層間で機能を連携させる

ことにより，実装効率，性能などの向上が期待できる．ここでは，特に，リンク層とネットワーク層の連携に焦点を当てる．物理・リンク層のプロトコルとしてIEEE 802.11規格を前提とする．

（1）リンク層通知　MANET，メッシュネットワークは無線リンクで構成されている．無線リンクは有線リンクと比べ一般にパケット損失率が高く，フェージング，干渉など周囲の環境変化によりリンク特性の時間変動も大きい．特に，MANETではノードの移動により，リンク断が頻繁に生じる．ネットワーク層でリンク断の検出が遅れると，切断されたリンクへ向けてパケットが送出されることになる．ネットワーク層ではハローメッセージの交換などにより独自にリンク断の検出を実現可能であるが，迅速にリンク断を検出するためハローメッセージの周期を短くすればそれだけオーバヘッドが増える．そこで，リンク層でリンク断を検出したら，それをネットワーク層へ通知するリンク層通知機能が有効になる．これにより，ネットワーク層で独自にリンク断の検出を行う必要がなくなるとともに，リンク断の検出遅延を削減できる．

（2）最適送信レートの選択　IEEE 802.11a/b/gは複数の変調方式の切替使用が可能であり，これにより送信レートが異なる．送信レートを固定設定するモード（固定レート）と自動的に選択するモード（オートレート）がある．後者の場合，オートレートで設定された各リンク（受信側のMACアドレスで識別）の送信レートをネットワーク層に通知することにより，送信レートを考慮したメトリックに基づく経路選択が可能になる．ただし，オートレートのアルゴリズムは標準化対象ではなく，実装依存であること，通常のオートレートはインフラストラクチャモードの無線LANすなわちアクセスポイントとステーション間のリンクで動作することを前提としており，ノード移動によりリンク状態が急変する可能性のあるMANETに適合するとは限らないことなどの課題がある．

一方，メッシュネットワークではノード（MP）は基本的には固定配置されるので，二つのノード間の距離は一定であり，リンク状態はより安定していると

考えられる.このため,ネットワーク層でプローブパケットを用いて各リンクのパケット損失率を測定し,これに基づき各リンクの最適な送信レートを選択し,下位層に通知することも考えられる.さらに,リンク層で各リンクの状態をモニタし,得られた情報(例えばRSSI)をネットワーク層に通知し,ネットワーク層で送信レートを選択し,リンク層に通知する方法も考えられる.

6.3 チャネル割当方式

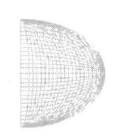

(1) 共通チャネル選択方式 IEEE 802.11a/b/g では複数の非オーバラップチャネルを利用可能である.MANET,メッシュネットワークでは,周囲の電波利用状況なども考慮して干渉の少ないチャネルを選択して利用することが望ましい.各ノードが一つまたは複数の無線インタフェースを持つ場合を考える.同じネットワーク内のノード相互間での通信を可能とするため,すべてのノードが少なくとも一つのインタフェースにおいて共通のチャネルを選択する方法がある.ネットワーク内で使用する共通チャネルの選択方法として以下の三つが考えられる.

① 固定選択方式　共通チャネルをあらかじめ決定しておく.
② 代表選択方式　代表となるノードが共通チャネルを選択し,それを他のノードに周知する.
③ 自律選択方式　各ノードは対等の立場であり,すべてのノードの合意により共通チャネルを選択する.

固定選択方式は MANET,メッシュネットワークにおいて一般に利用可能な方式であるが,共通チャネルを周囲環境に合わせて動的に変更することは困難である.代表選択方式は代表となるノードをあらかじめ指定しておく必要があり,メッシュネットワークのメッシュポータルのような有線バックボーンに接続するノード(GW,ゲートウェイ)を有する方式に適している.自律選択方式では全ノードのコンセンサスに基づき安定した共通チャネル選択を行う自律分散メカニズムが必要になる.

（2）単一インタフェース・ネットワークにおけるチャネル割当[7]　図6.1のように，有線バックボーンに単一の無線インタフェースを持つ複数のゲートウェイ（GW）がつながる場合を考える。GWが複数の無線インタフェースを持つ場合も同様に考えられる。このような場合，GWの各インタフェースに非オーバラップチャネルを割り当てることにより，GWの異なるインタフェースにつながるネットワーク間の干渉を防止できる。図では，ノードA，B，C，D，EがGW1に，ノードF，G，HがGW2へそれぞれチャネル1と2を使って接続されている。このような構成においては各ノードがGWとのリンクの負荷，GWへのホップ数などを考慮して自律分散的に所属するネットワークを選択できることが望ましい。図ではノードDがノードFと接続し，GW2のネットワークに所属する可能性もある。このためには使用チャネルの異なるネットワークに所属するノード間で所属ネットワーク選択・変更に関する情報交換をできることが必要である。このための方法として，つぎの方法が考えられる。

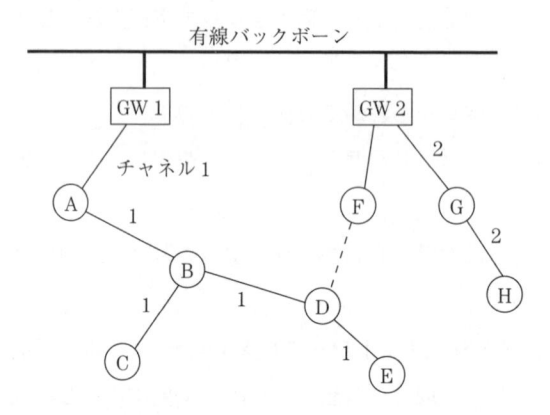

図6.1 単一インタフェースを持つノードによる複数チャネル利用例

① **同期共通チャネル方式**　すべてのノードが同期して指定されたチャネルを選択する時間スロットを周期的に設け，その時間スロット内にノード間で必要な情報交換（各ネットワークでの使用チャネル，GWまでのホップ数，GWのインタフェースごとの負荷など）を行う。

② **チャネルスキャン送信方式**　必要な情報を含むハローパケットをチャ

(3) 複数インタフェース・ネットワークにおけるチャネル割当　各ノードが複数の無線インタフェースを持つ場合，同一ネットワーク内において複数のチャネルを利用可能であり，相互に干渉範囲にあるリンクに非オーバラップチャネルを割り当てることにより，ネットワーク内の干渉を低減できる。いま，同じ場所で同時に n 個のチャネルを利用可能とする。二つのノード間にリンクを確立するためには双方の通信デバイスが n 個のチャネルの中から同じチャネルを選択する必要がある。ノードが勝手に自身のネットワークインタフェースのチャネルを選択すると，電波が届く範囲にある2ノードが通信できない問題が生じる可能性がある。そこで，一つの方法として，(1)項で述べたように各ノードではインタフェースの一つにネットワーク内共通チャネルを割り当てることにより，隣接ノード間のリンクを確保し，他のインタフェースのチャネルを選択的に決定する方法が考えられる。この方法はノード移動を伴うMANETにおいても実現可能と考えられる。

一方，メッシュネットワークではノードの固定配置が前提のため，共通チャネルを利用しないチャネル割当方法も考えられる。いま，各ノードが二つのインタフェースを有するものとし，四つの非オーバラップチャネルの利用が可能な場合を考える。四つのノードが格子状に配置されており，すべてのリンクが相互に干渉範囲にあると仮定する。図6.2(a)では比較のため，無線インタフェース数が1で，すべてのインタフェースにチャネル1を与えた場合を示す。図(b)では各ノードのインタフェースの一つにチャネル1を他方のインタフェースにチャネル2を与えている。この場合，ネットワーク全体で異なるチャネルを割り当てられた二つのリンクの同時利用が可能である。一方，図(c)では各リンクに異なるチャネルが与えられており，同時に四つのリンクの使用が可能である。1リンクの最大スループットを1とし，ノード間に均一のトラヒックが存在すると仮定すると，図(a)，(b)，(c)の2ノード間の最大スループットはそれぞれ，1/6，1/3，1/2となる。インタフェースの数が2倍になったことにより，スループットが図(b)の場合は2倍であるが，図(c)の

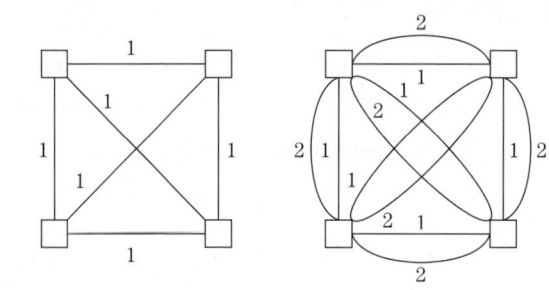

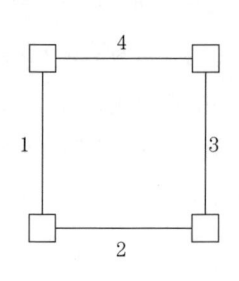

(a) インタフェース数：1　　(b) インタフェース数：2　　(c) インタフェース数：2
　　 チャネル数：1　　　　　　　チャネル数：2　　　　　　　チャネル数：4

図6.2　4ノード網におけるチャネル割当の例

場合には3倍になっている．一般に，インタフェースの数より利用可能なチャネル数が多い場合，干渉範囲にあるリンクに異なるチャネルを割り当てることにより，インタフェース数の増加より大きなスループット改善効果を期待できる．

　利用可能な非オーバラップチャネル数 n は有限であり，ノード数が多くなると相互干渉のまったく生じないチャネル割当は現実的に困難な場合が多いと考えられる．相互に干渉が生じないリンク間ではチャネルの再利用が可能である．そこで，与えられたネットワークインタフェース数 q とチャネル数 Q の条件のもとで，ネットワーク全体で干渉が最小となるような効率的なチャネル割当アルゴリズムとプロトコルが必要になる．このとき，2ノード間に適切に共通チャネルを与え，ネットワークの接続性を保証する必要がある．MANETでは全体を集中管理するノードが存在しないことが前提であり，自律分散的なチャネル割当アルゴリズムとプロトコルが必要である．一方，メッシュネットワークの場合にはGWでネットワークの状態，トラヒック交流状況を集中測定・管理し，比較的長い時間（1時間，1日など）でネットワーク全体のチャネル割当を計算する方法も考えられる．図6.3に格子状網に対してノード当りのインタフェース数2，非オーバラップチャネル数4の条件のもとでチャネル割当をした一例を示す[8]．

　各リンクのトラヒックが均等でない場合には，トラヒック負荷の多いリンクに周辺で利用の少ないチャネルを割り当てることが必要になる．トラヒックを

6.3 チャネル割当方式

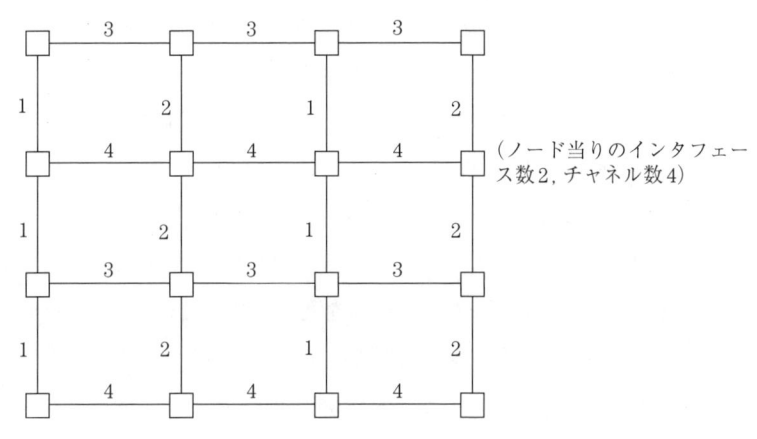

図6.3 格子状網に対するチャネル割当の例

（ノード当りのインタフェース数2，チャネル数4）

考慮したチャネル割当問題は NP 完全であり，発見的な解法が必要になる。そのアプローチの一つを下記に示す[8],[9]。

① 初期条件としてネットワークのトポロジーとノード間のトラヒックが与えられる。

② 与えられたネットワークトポロジーとノード間のトラヒックに基づき，利用可能なチャネル数 Q，リンク容量，干渉範囲のリンク数などを考慮し，各リンクに加わる負荷の初期推定値を求める。

③ 負荷の大きいリンクから順にチャネル割当を行う。対象とするリンクのノードペアをノード1とノード2とする。各ノードのチャネルリスト（インタフェースにすでに割り当てられたチャネルのリスト）のチャネル数に関してつぎの三つのケースがある。

　ケース1：ノード1, 2とも q 個以下。この場合は最も干渉度の少ない任意のチャネルを選択して，対象リンクに割り当てる。このチャネルがまだそれぞれのチャネルリストに含まれていなければ加える。ここで干渉度とは干渉領域において同じチャネルを割り当てられたリンクの推定負荷の総和である。

　ケース2：片方（ノード1とする）が q 個，他方が q 個未満。この場合

はノード1のチャネルリストのチャネルの中で最も干渉度の少ないチャネルを選択し，対象リンクに割り当てる．このチャネルがまだ，ノード2のチャネルリストに含まれていなければ加える．

ケース3：両方とも q 個．もし，ノード1，2のチャネルリストの中に共通チャネルがあればその中で最も干渉度の少ないチャネルを選択し，対象リンクに割り当てる．共通チャネルがなければ，どちらかのチャネルリストのチャネルの一つを変更して共通チャネルを生成し，このチャネルを対象リンクに割り当てる．このとき干渉度が最小となるチャネルを選ぶ．ここでチャネル j をチャネル k に変更するものとする．このとき，すべてのノードのチャネルリストにおいて，チャネル j をチャネル k に変更する．

④ すべてのリンクにチャネル割当終了後，チャネルが割り当てられていないインタフェースを持つノードがあれば最も干渉度の低いチャネルを割り当てる．

⑤ 上記のチャネル割当のもとで，使用するルーティングアルゴリズムを動作させた場合の各リンクの負荷と運ばれる総トラヒックを推定する．

⑥ ステップ③〜⑤を反復する．運ばれる総トラヒックが改善されなくなれば終了する．

（4） **トポロジー制御** （3）項のステップ①において，ネットワークトポロジーを初期条件としている．ノードが与えられたとき，どのノード間にリンクを設定するかという設計問題が考えられる．すなわち，任意の二つのノードが通信範囲にあるとき，そのノード間にリンクを設定するかどうかの判断基準として，仮に2ノード間にリンクを設定したとき，そのリンク（バーチャルリンク）の性能（送信レート），品質，他リンクとの干渉度，ノード間のトラヒック負荷などが考えられる．例えば，バーチャルリンクの送信レート，品質が低くなると予想される2ノード間にはリンクを設定しない．このとき，ネットワーク全体の接続性を保証することが必要である．一定の接続性を条件として，ネットワーク全体の干渉度が最も低くなるように設定するリンクを選択す

る方法が考えられる[9]）。

（5） 階層的チャネル割当[10] 　自律選択方式において，一つのノードが一つのリンクに割り当てられたチャネルを変更しようとする場合を考える。もし，その隣接ノードの（同じインタフェースを使用する）他のリンクも同じチャネルを利用していると，そのリンクのチャネルも変更する必要が生じる。さらに隣接ノードの隣接ノードにもチャネル変更の影響が波及する場合もある。このチャネル割当の依存性について図6.4に一例を示す。各ノードは二つの無線インタフェースを有し，四つの非オーバラップチャネルが利用可能である。ノードFがチャネル2の過負荷を検出し，FとDの間のリンクのチャネルを2から3へ変更する場合を考える。このとき，ノードDG間，ノードGE間のリンクのチャネルも変更する必要がある。このようにチャネル選択に関してリンク間に依存性があるため，自律分散的なチャネル割当手法は困難になる。そこで一つのGWを持つメッシュネットワークを前提とし，上流ノード向けのインタフェースと下流ノード向けのインタフェースを分け，各ノードに下流リンクのチャネル割当権限を持たせることにより，上流リンクのリンク割当と下流リンクのチャネル割当を独立したものとし，上流リンクにおけるチャネル割当の変更が下流リンクにおけるチャネル割当に波及させないことが考えられる。このようなアプローチの一つを下記に示す。

① 各ノードはハローパケットを周期的にブロードキャストする。このとき，各ノードは下流ノードのインタフェースのチャネルを特定のチャネル

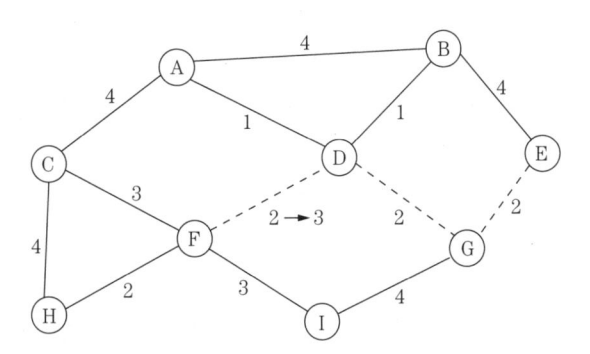

図6.4　チャネル割当の依存性

に固定しておく。また，ブロードキャストパケットを送出する場合，上流ノード向けのインタフェースに対してはチャネルスキャンにより全チャネルにパケットを送出する。これにより，各ノードは隣接ノードを発見できる。

② 各ノードは下流ノードへのインタフェースで使用しているチャネルとそのチャネルの負荷をチャネル利用パケットを用いて，$k+1$ホップ先までのすべてのノードに周期的に広告する。ここでkは干渉範囲と通信範囲の比率である。

③ 各ノードは受信したチャネル利用パケットにより，干渉範囲内のチャネルの利用状況を把握し，自身の下流ノード向けインタフェースに対してもっとも利用率の低いチャネルを選択し，割り当てる。このとき，ゲートウェイへのホップ数が少ないノードにチャネル選択の優先権を与える。すなわち各ノードは干渉範囲内で優先度の高いノードが使用しているチャネルと同じチャネルを選択する可能性がなるべく低くなるように，下流ノードへのインタフェースに割り当てるチャネルを選択する。

（6） **動的チャネル選択方式**[11]　これまでに述べた方法は各ノードのネットワークインタフェースが単数であっても複数であっても基本的に各リンク（各ノードの無線インタフェース）にはあるチャネルが静的に割り当てられることを前提としている。一方，別のアプローチとして各ノードにおいてパケットの送信相手ごとに使用チャネルの交渉を行い，選択されたチャネルに切り替えてパケット転送を行う動的チャネル選択が考えられる。各ノードが単一のインタフェースを持つ場合には前述した同期共通チャネル方式を利用し，各ノードが通信相手のノードと使用チャネルの交渉を行うメカニズムが必要になる。以下では複数インタフェースを持つ場合を考える。この方法では各ノードは一つの固定インタフェースと一つあるいは複数の可変インタフェースを持つ。各ノードは周期的にハローパケットを全チャネルに送信する。ハローパケットは自ノードと隣接ノードの固定インタフェースに与えられたチャネル情報を含む。各ノードは隣接ノードからハローパケットを受信することにより周囲の

チャネル使用状態を把握し,自身の固定インタフェースに与えるチャネルを決定する。各ノードは固定インタフェースでパケット受信を行う。ノード X が隣接ノード Y にパケットを送信する場合,ノード X は可変インタフェースのチャネルをノード Y のチャネルに設定してパケット送信を行う。図 6.5 に例を示す。例えばノード X がノード Y にパケットを送信するとき,ノード X はノード Y の固定インタフェースが使用するチャネル1を自身の可変インタフェースに設定し,パケットを送信する。この方法は送受信ノード間で同じチャネルを選択するための調整は不要である。したがって MANET でも採用可能と考えられる。動的チャネル選択方式では,パケットを上流ノードから受信してから下流ノードへ転送するとき,インタフェースのチャネル切替を行う必要があり切替遅延が生じる問題がある。

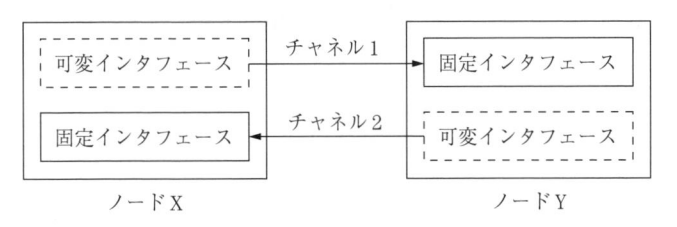

図 6.5 動的チャネル選択方式

6.4 メッシュネットワークにおけるステーション所属情報の管理

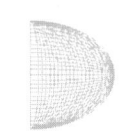

(1) 基本方式[12]　IEEE 802.11s のルーティングプロトコルオプションとして **RA-OLSR**(radio aware OLSR)が含まれている。OLSR と比べると RA-OLSR はリンク層で動作すること,**ETT** と類似した airtime などのリンクメトリックを使用していること,各メッシュポイント(**MP**)/メッシュアクセスポイント(**MAP**)がステーション(**STA**)とその STA が所属する MAP を対応付けるデータベースを保持することなどの特徴を持つ。このデータベースは**グローバルアソシエーションデータベース**(**GAB**:global association database)と呼ばれる。

メッシュネットワークにおけるSTAの総数はかなり大きくなることも予想される。また，STAは移動により所属MAPを変更する可能性もある。このため，MP/MAP数が大きくなるほどGABを効率よく維持することが課題になる。基本方式では各MAPは自身に所属するSTAの情報を複数ブロックからなる**ローカルアソシエーションデータベース**（**LAB**：local association database）として保持し，周期的にLABの情報を他のMAPにMPRフラッディングすることにより，各MAPがGABを維持する。このモードはfull base diffusion，このメッセージはLABA（local association base advertisement）と呼ばれる。毎周期，大きなサイズのLABAをフラッディングすると無線帯域を大きく消費することになる。そこで，LABの内容が前周期と変化がなかった場合にはLABの各ブロックのチェックサムのみを送るモードが用意されている。このモードはchecksum diffusionモード，また，このメッセージはLABCA（local association base checksum advertisement）と呼ばれる。LABを受信したMAPは自身のGABの対応するブロックについてチェックサムを計算し，不一致を検出すると不一致となったブロック番号を含むABBR（association base block request）メッセージを送信元のMAPにユニキャストする。不一致が生じるのは前周期で送られたLABを正しく受信できない場合があるためである。ABBRを受信したMAPはつぎの周期ではLABAをMPRフラッディングする。

（2）**高度化方式**[13]　基本方式では，各MAPがGABをそれぞれ個別に維持すること（個別管理方式），GABをプロアクティブに更新すること（プロアクティブ更新）が前提となっている。GABを維持するオーバヘッドを削減するため，GABの集中管理方式が考えられる。集中管理方式は決められた一つのMAP（代表MAP）がマスタGABを，他のMAPはスレーブGABを保持する方式であり，各MAPはLABの情報を定期的に代表MAPへユニキャストする。信頼性のあるユニキャストを行うことにより，周期を延長したり，変化時に差分情報のみを送る方法も考えられる。これを基に代表MAPはマスタGABを更新する。各MAPは受信したフレームを転送する際，宛先

6.4 メッシュネットワークにおけるステーション所属情報の管理

STA の所属する MAP を知らない場合には宛先 STA アドレスを含む SREQ (station request) メッセージ (以下, SREQ) を代表 MAP へユニキャストする. 代表 MAP はマスタ GAB を参照し, 宛先 STA とその所属 MAP の情報を含む SREP (station reply) メッセージ (以下, SREP) を SREQ 生成元へ返す. これを受信した MAP はその情報を自身のスレーブ GAB にキャッシュする. インターネットから流入するパケットの効率転送を考慮するとインターネットとのゲートウェイとなるメッシュポータルを代表 MAP とすることが望ましい.

基本方式 (GAB 個別管理方式) および上述した GAB 集中管理方式ではマスタ GAB をプロアクティブに更新している. これに対して, 個別管理方式と集中管理方式のそれぞれにおいて, GAB をリアクティブに更新する方式が考えられる. 個別管理方式では, 各 MAP は受信したフレームを転送する際, 宛先 STA の所属 MAP を知らない場合には, 宛先 STA アドレスを含む SREQ をフラッディングする. SREQ を受信した各 MAP は自身の LAB を参照し, 宛先 STA があれば SREP を SREQ 生成元へユニキャストする. SREQ 生成元の MAP はその情報を自身のスレーブ GAB にキャッシュする. 集中管理方式では SREQ を代表 MAP へユニキャストする. 代表 MAP はマスタ GAB を参照し, 宛先 STA がなければ, 新たな SREQ を生成し, MPR フラッディングする. SREQ を受信した各 MAP は自身の LAB を参照し, 宛先 STA があれば SREP を代表 MAP にユニキャストする. 代表 MAP はこの情報をマスタ GAB にキャッシュし, 最初の SREQ 生成元の MAP に SREQ をユニキャストする. これを受信した MAP は得られた情報を自身のスレーブ GAB にキャッシュする. これらの方式を表 6.1 にまとめる. 集中管理, リアクティ

表 6.1 ステーション所属情報管理方式

個別管理方式	プロアクティブ更新 リアクティブ更新
集中管理方式	プロアクティブ更新 リアクティブ更新

ブ更新により，ステーション所属情報を獲得するまでの遅延時間が生じるが，GAB維持のためのオーバヘッド削減が期待される．リアクティブ更新はSTAのMAP間移動が少ない場合に有効と考えられる．

6.5 QoS

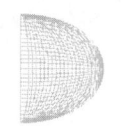

QoS（quality of service）とは通信サービスの品質のことである．アプリケーションからの要求に基づき，ノード間にデータ配送のフロー（ネットワーク層ではIPパケットのフロー）が生じる．このフローの配送というサービスをネットワークが担当する．そのサービスの善しあしがサービス品質ということになる．フローの配送時，ネットワーク層ではパケットの損失，配送遅延，遅延の揺らぎなどが生じる．これらはQoSの評価尺度であり，QoSパラメータと呼ばれる．アプリケーションにより，フローのトラヒック特性（平均ビットレート，バースト特性など），QoSへの要求条件が異なる．例えば，電話のようなアプリケーションでは，CBR（continuous bit rate）型のフローが生じ，ネットワーク層で多少のパケット損失は許されるが遅延，遅延揺らぎは数十ms以内が望ましい．また，ファイル転送，WWWなどのアプリケーションでは多少のパケット配送遅延は許されるが，信頼性のある通信が要求され，パケット損失を補償するためエンドツーエンドの再送をトランスポート層（TCP）が提供する必要がある．このためパケット損失が大きければスループット低下に直結する．

ネットワーク内に複数のフロー種別（クラス）があり，それぞれ異なるトラヒック特性を持ちQoSに対する要求条件も異なる場合，QoS制御，QoS保証などが考えられる．QoS制御はQoS要求条件が厳しいフローを優先的に転送することにより相対的に高いQoSを提供するものである．QoS保証はフローが要求するQoSを保証するものである．後者の場合，フローのトラヒック特性とネットワークの利用可能なリソース（帯域など）に基づきQoS保証が可能かどうかを判断し，保証できない場合にはそのフローのサービスを拒否する

仕組みが必要になる。これを受付制御（アドミッションコントロール）と呼ぶ。

MANETではどのノードも対等の関係にあり，自律分散制御が基本であること，ノードにおける複雑な処理は適さないこと，ノード移動を伴うことなどのため，通常のIPネットワークに比べて一般にQoS制御，QoS保証は困難な課題と考えられる。メッシュネットワークではMP，MAPなどユーザ端末とは異なる専用の中継ノードを利用すること，これらのノードは通常移動しないことなどからより高度なQoS制御，QoS保証が可能と考えられる。

以下では**OLSR**（OLSRv2）のようなプロアクティブ型ルーティングプロトコルを前提にQoS制御，QoS保証のためのいくつかのアプローチを示す[14]。ルーティングプロトコルによる制御トラヒック，QoSを要求するトラヒック（以下，QoSトラヒック），ベストエフォート型のトラヒック（以下，**ベストエフォートトラヒック**）の三つのクラスを考える。

（1）**パケットスケジューリング**　制御トラヒック，QoSトラヒック，ベストエフォートトラヒックの順に優先度を与え，各ノードにおけるパケット送信時，優先度に基づいたパケット送信を行う。単純な優先キュー方式では低優先トラヒックをほとんどサービスできないスターベーションという問題が生じる。トークンバランス方式では，総数が一定のトークンを各クラスに分配し，トークン数最大のクラスのパケットを送信する。クラスsのパケットを送信したとき，そのクラスからW_s個のトークンを削減し，それを他のクラスに均等に配分する。優先度の高い（sの値が小さい）クラスほどW_sの値を小さくする。W_sの与え方により優先の程度を調節することができる。

（2）**アクティブキュー管理**　各ノードにおいてクラスごとに送信待ちのパケットを待機させるバッファを用意する。バッファが満杯になるとパケットは廃棄される。このとき，バッファが満杯になるのを待たず早めにパケット廃棄を行い，パケットの送信者へ輻輳を通知する（RED：random early detection）。このためクラスごとの平均キュー長などを測定し，廃棄確率を計算し，これに基づきパケット廃棄を行う。上位層（TCPなど）のフローコントロール機能と連携することにより，平均キュー長が短くなり，**QoSフロー**の遅延

を減少させることができる．また，特定のフローがキューを占有するのを防止できる．

（3） **利用可能帯域に基づく経路選択**　あるリンクを使って運ばれるフローの帯域の総和をリンクの負荷と呼ぶ．あるリンクの利用可能帯域とはリンクの容量からそのリンクの負荷と干渉範囲にあるすべてのリンクのリンク負荷を差し引いた空き帯域のことである．各ノードはリンクの利用可能帯域を測定する．QoS トラヒックに対する利用可能帯域は QoS トラヒックのみ，**ベストエフォートトラヒック**に対する利用可能帯域は両者を考慮して推定する．これらの利用可能帯域を TC メッセージに載せて MANET 全体に送る．各ノードでは QoS トラヒック，ベストエフォートトラヒック別に利用可能帯域の情報に基づき経路表を計算する．ベストエフォートトラヒックの経路エントリは次ホップを指定する形で終点ごとに，QoS トラヒックの経路エントリはエンドツーエンドのパスとして，フローごとに生成される．この方法は現状のトラヒック分布が経路計算に影響するため，経路計算の結果が振動したり，必ずしもよい経路が選択されない場合があることに注意する必要がある．

（4） **ベストエフォートトラヒックのレート制御**　ベストエフォートトラヒックの経路表のエントリにはパス利用可能帯域の情報を含める．この値に基づき，各始点ではレート制御を行う．

（5） **QoS フローに対する受付制御**　QoS フローの要求が生じると始点はそのフローの QoS 要件（最小帯域，最大遅延などの条件）を満足させるための空き容量があるかどうかを確認し，そのフロー用のリソースを予約するための制御メッセージ CREQ（check request）メッセージ（以下，CREQ）を経路表のパス情報に基づきユニキャストで終点へ送る．CREQ はパス情報と QoS 要件を含む．中間ノードは次ホップへのリンクが QoS 要件を満たせるとき[†]，このリンクの予約タイプ（ソフト）を設定し，CREQ を転送する．要件

[†] 複数リンクを経由するパスにおいて，リンクが同じ無線チャネルを利用しており干渉範囲にある場合には同時利用はできない．例えばリンク A，B，C を経由するパスにおいて，リンク B を使用中はリンク A，C は利用できない（フロー内干渉）．この影響を考慮してフローの受付制御を行う必要がある．

を満たさなければCREQは廃棄されるため終点に届かず，始点ではタイムアウトでフローを拒否する．CREQを受け取った終点はCREP（check reply）メッセージ（以下，CREP）を返す．CREPを受け取った中間ノードは終点へのパス上のリンクの受付制御を再実行する（同時に生じた二つのQoSフローのリソース競合を防止）．QoS要件を満たすとき，予約タイプ（ハード），予約時間を設定する．始点は帯域予約更新のため，CREQを周期的に送る．予約時間はQoSフローのパケット受信時にも更新される．

（6）輻輳制御　QoSトラヒックに対する受付制御，ベストエフォートトラヒックに対するレート制御，アクティブキュー管理を行ったとしても，ノード移動により輻輳が生じる可能性がある．各ノードはMACでのパケット廃棄，チャネルの利用率などに基づきリンクの混雑度を推定する．リンクの輻輳を検出するとベストエフォートトラヒックの新たな経路（次ホップ）を計算するとともに，パスの利用可能帯域（フロー内干渉考慮）に基づきそのノードが生成するベストエフォートトラヒックのレート制御を行う．輻輳を緩和するため，キュー内のベストエフォートトラヒックのパケット廃棄も行う．また，検出した輻輳をTCメッセージによりMANET内に広告する．これを受け取ったノードはベストエフォートトラヒックに対する新たな経路の計算，自身が生成するベストエフォートトラヒックのレート制御を行う．輻輳リンクが自身のQoSフローの予約パスに含まれている場合はランダムバックオフタイマを設定し，輻輳が解消しなければ使用中のパスの予約を解除し，新たなパスの予約を試みる．バックオフを用いるのは複数のQoSフローが同時に予約，予約解除を繰り返すような振動現象を避けるためである．

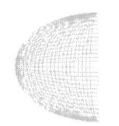

6.6　セキュリティ

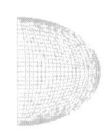

6.6.1　ルーティングプロトコルの安全化[15]

特定の小グループで使用されるMANETであれば，ノードは相互の信用を前提に，共有する秘密鍵を用いてすべてのメッセージ（ルーティングとデー

タ）を暗号化することにより，セキュリティを容易に維持することができる。しかし，このような方法ではノード相互の信用前提でありグループの規模が大きくなると対応できない。どんなノードでも自由に MANET に参加できるシナリオにおいて有効なセキュリティ対策が必要になる。

MANET のセキュリティに関し2種類の攻撃が考えられる。一つは送信者から受信者へ送るデータそのものを盗聴・改ざんする攻撃である。二つ目はデータの配送を妨害したり経路を変更するなどの攻撃である。前者はエンドツーエンドの通信であり一般的なエンドツーエンドのセキュリティ対策（IPsec など）が適用可能である。後者は MANET 特有の問題であり，以下では後者の問題について述べる，なお，メッシュネットワークについても同様に考えることが可能である。

ルーティングプロトコルのメッセージはそれを受け取った隣接ノードにおいて処理され，メッセージの内容の一部に変更が加えられ，再送される。また，ノードは受け取ったメッセージに基づき，経路表を更新する。したがって，エンドツーエンド通信とは異なり，ルーティングメッセージを受信する各ノードがメッセージに含まれる情報の認証を行う必要がある。また，メッセージの一部に変更が加わる場合があることもエンドツーエンド通信と異なることである。例えば，ルーティングメッセージにはホップカウントというフィールドが一般的に含まれ，この内容がホップごとに更新される。このような可変情報を中間ノードの信用を前提とせず安全化することが望まれる。

以下では AODV を例としてセキュリティの課題と対策指針を述べる。

（1）**AODV への攻撃** AODV に対してつぎのようなタイプの攻撃が想定される。

① 敵対者が RREQ の生成元になりすます。

② 敵対者が終点になりすまし，RREP を偽造する。

③ RREQ の転送時にホップカウント削減，終点シーケンス番号増加などを行い，敵対者を経由する経路が選択されやすくする。これによって盗聴の機会を作り出す。

④ 特定の **RREQ**, **RREP**, データを転送しない。特定の RREQ に応答しない。このような攻撃は伝送エラーとの区別がつきにくく，検出が困難である。

⑤ ある終点に対して終点シーケンス番号の値を最大値に設定した RERR を偽造する。これを受信した終点はシーケンス番号を最大値に設定する。つぎに任意の値を終点シーケンス番号に設定した RREQ を偽造する。これにより終点シーケンス番号を任意の値に設定できる。

（2） **AODV 安全化へのアプローチ**

1) 各ノードは他のノードの公開鍵を得ることができ，そのノードのアドレスと公開鍵を対応付けることが可能であることを仮定する。ノードのアドレスと公開鍵の対応付けを行うため，ノードがパーマネントアドレスを持つ場合には認証局の利用が考えられる。しかし，この方法はアドレスをオンサイトで自動生成する場合（4.1 節参照）には利用できない。そこで，各ノードが公開鍵と秘密鍵の組を自身で生成し，その公開鍵からハッシュ関数などを使ってアドレスを生成する方法が考えられる。このとき重複アドレスが生じる可能性があるので，重複アドレスが検出された場合にはアドレス再割当を行う（4.2 節参照）。ノードは他のノードに自身のアドレスを伝える際，公開鍵も添付することにより，それを受け取ったノードはそのアドレスと公開鍵の対応を確認できる。

2) RREQ，RREP に含まれる可変情報（ホップカウント）の偽造（減算）を中間ノード，終点ノードで検出可能とする。このため，一方向性ハッシュ関数 $h(x)$ を用いる。メッセージの拡張部に Hash と Top_Hash というフィールドを設ける。始点は乱数 r を生成し，ホップカウントの上限値を n とするとき，Hash に r，Top_Hash に $h^n(r)$，ホップカウントに 0 をそれぞれ設定する。ここで，$h^n(r)$ は r に対するハッシュ関数の演算を n 回繰り返し適用することを示す。受信したメッセージを転送するときは Hash を $h(\text{Hash})$，ホップカウントを +1 に設定する。メッセージを受信したノードではメッセージのホップカウントの値 i を使って $h^{n-i}(\text{Hash})$ を計算し，これが Top_Hash

と一致すればホップカウントの偽造はないことになる。例えば，1ホップ目のノードは受け取ったメッセージのホップカウントが0，Hash=r であるので $h^n(r)$ を計算し，その結果は Top_Hash に一致する。メッセージ転送時にはホップカウントを1，Hash=$h(r)$ とする。これを受け取った2ホップ目のノードでは，$h^{n-1}(h(r))$ を計算するので，結果は Top_Hash に一致する。中間の敵対者がホップカウントを減算しようとすると，偽造を見破られないためには Hash の値も変更する必要がある。このためには関数 $h(x)$ の逆関数を知る必要があるが，$h(x)$ が一方向性関数であるためそれは困難である。この方法はタイプ③の攻撃を防止する。

3) 始点は RREQ，終点は RREP に含まれる固定情報を保護するためディジタル署名を用いる。可変部（ホップカウント，Hash）を除くすべてのメッセージに対してディジタル署名を行う。各ノードはメッセージを受信したとき署名を検証し，署名が正当であれば，処理を継続する。

つぎに，中間ノードが終点への経路を持っており，RREP を返す場合を考える。このとき，終点として署名できることが必要である。中間ノードが終点への経路を持っている場合として，その終点が以前に他のノードへ向けて RREQ を生成しており，中間ノードがそれを受信し，終点へ逆経路を作成していた場合が考えられる。このような場合，中間ノードは終点の生成する RREP への署名を持っていないので，終点の代理として署名できない。そこで，各ノードが生成する RREQ の拡張部に RREP に対する署名も含めて送ることが考えられる。これによりそれを受信したノードは逆経路を作成すると同時にその署名も保持しておき，他のノードからそのノードへの RREQ を受け取ったとき，RREP に終点の署名を含めることができる。このとき，経路の有効時間だけは中間ノード自身が署名する。この方法はタイプ①，②の攻撃を防止する。

4) 各ノードは RERR を生成するとき，署名し，それを受け取ったノードは署名検証を行う。RERR に含まれる終点シーケンス番号は偽造の恐れがあるので無視する。この方法はタイプ⑤の攻撃を防止する。

6.6.2 相互監視による安全化[16]

　MANETでのパケットのマルチホップ配送はルーティングとパケット転送によって実現される．したがって，敵対者の攻撃もルーティングへの攻撃とパケット転送への攻撃がある．ルーティングへの攻撃として，6.6.1項に述べたもの以外にRREQを頻繁に送出してネットワークリソースを浪費させる，複数の敵対者が結託して経路ループを作り出すウォームホール攻撃などが考えられる．6.6.1項の方法は暗号技術を用いてルーティングメッセージを保護し，各ノードの経路表の正常性を保証するものであり，上記のようなルーティングへの攻撃には対応できない．パケット転送に対しては以下の攻撃が考えられる．

① アクティブ経路上の敵対者が転送すべきパケットを廃棄，改ざんして再送，他のパケットを注入する．

② 大量のダミーパケットをネットワークに注入し，DoS攻撃を行う．

③ パケットを確率的に廃棄し，再送によりネットワークの輻輳を生じさせる．

　このようなルーティングとパケット転送への攻撃を防止するため，相互監視による安全化が考えられる．この方法では，各ノードがたがいのルーティングメッセージとデータパケット転送を相互監視し，近隣の敵対者を検出する．監視は無線通信のブロードキャスト特性（プロミスキュアスモード使用）を利用し，各ノードが隣接ノードの受信・送信するパケット（ルーティングメッセージとデータパケット）を傍受することにより可能になる．このようなクロスチェックにより隣接ノードが正常に動作しているかどうかを判定する．基本的な考え方は以下の通りである．

① 各ノードは移動，干渉，エラーなどにより敵対者を検出する正確な情報を持つとは限らない．そこで，隣接ノードと協調して相互の監視を行い，複数のノードが敵対者の存在にコンセンサスを得ることで敵対者を検出する．これにより，敵対者が単独で正当なノードを敵対者と誹謗することも

困難になる。このため，分散コンセンサスメカニズムを使用する。

② 各ノードはネットワークに参加するため，トークンを必要とする。トークンの偽造を防ぐため，各トークンはノードのグループが協調して作り出す秘密鍵により署名され，同一の公開鍵により検証される。

③ 各ノードはトークンの有効時間が切れる前に隣接ノードの協力によりトークンを更新する。

④ 特定のノードが敵対者であるとのコンセンサスが得られれば，そのノードのトークンを無効とし，他のノードに公示する。

⑤ 正当なノードはトークンの更新に成功するたびに信用度を向上できる。ノードの信用度が高くなるほど長いトークン有効時間を与えられる。これによりトークン更新のオーバヘッドを削減できる。

(1) ルーティングの監視方法

AODVを例にとり，ルーティングとパケット転送の相互監視方法の概要をまとめる。

① 各ノードはルーティングメッセージを入力として受け取り，ルーティングアルゴリズムを実行し，ルーティングメッセージを出力する。したがって，隣接ノードXの入力と出力を傍受できれば，ノードXが正しく動作したか検証できることになる。このため，RREQにprevious_hop，RREPにnext_hopのフィールドを追加する。また，隣接ノードから受信する経路情報を一定時間保存しておく。

② いま，ノードMがノードX，Yを隣接ノードとしており，ノードYが終点Dに関するRREPをノードXへ転送し，それを受信したノードXがRREPをさらに他のノードへ転送した場合を考える（図6.6）。ノードXのRREPにはDへのnext_hopとしてノードYが掲載されているので，ノードMはノードXから傍受した経路情報をノードYから傍受した経路情報と比較する。もし不整合が検出されれば，ノードXが正しく動作していないことになる。例えば，RREPに含まれるDまでのホップカウントが，前者では5とすると後者では5−1=4であるはずであり，こ

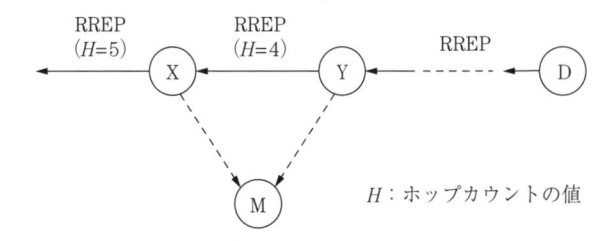

図6.6 ノードMによるノードXの監視

れ以外の値であれば，ノードXのプロトコル動作が異常ということになる。

③ ノードYの移動やパケット損失によりノードMがノードYからの関連する経路情報を受け取れていないときには本手法はうまく動作しない。

このため，複数のノードが協調しコンセンサスに基づき，隣接ノードの動作異常を判定する仕組みが必要になる。

この方法は6.6.1項の方法とは異なり，各ルーティングメッセージに暗号化技術を適用する必要はないため，処理量やメッセージサイズの増加のオーバヘッドが生じない。一方，プロミスキュアスモードを使用するため，自分宛ではないパケットに対してもノードの処理が生じる。

（2）**パケット転送の相互監視**　各ノードはパケット廃棄，パケット重複，パケットジャミング（過剰送出）などのパケット転送異常の監視を行う。例えば，パケット廃棄について各ノードは傍受したパケットのヘッダを一定時間記録する。あるノードがノードXに送られたパケットを傍受すると，Xによってそれまでに公表された経路情報のキャッシュから次ホップを知る。もし一定時間内にノードXが受信したデータパケットをその次ホップへ転送したことを傍受できなければデータパケットがノードXで廃棄されたと判定する。パケットの廃棄の割合が一定の閾値を超えたら，パケット転送の異常と判定する。

引用・参考文献

1章
1) 小牧省三,間瀬憲一,松江英明,守倉正博:無線 LAN とユビキタスネットワーク,丸善(2004)
2) I. F. Akyildiz, S. Wang and W. Wang: Wireless Mesh Networks: A Survey, Computer networks, **47**, 44, pp. 445-487, Elsevier Science (2005)
3) C-K. Toh, R. Chen, M Delwar and D. Allen: Experimenting with an Ad Hoc Wireless Network on Campus: Insights and Experiences, ACM SIGMETRICS, **28**, 3, pp. 21-29 (2000)
4) http://www.monarch.cs.rice.edu/(2007 年 8 月現在)
5) D. A. Maltz, J. Broch and D. B. Johnson: Quantitative Lessons From a Full-Scale Muti-Hop Wireless Ad Hoc Network Testbed, WCNC (2000)
6) http://pdos.csail.mit.edu/grid/(2007 年 8 月現在)
7) J. Bicket, D. Aguayo, S. Biswas and R. Morris: Architecture and Evaluation of an Unplanned 802.11 b Mesh Network, MobiCom'05 (2005)
8) http://www.comsoc.org/dl/gcn/gcn 0900.html(2007 年 8 月現在)
9) http://pcl.cs.ucla.edu/projects/glomosim/(2007 年 8 月現在)
10) http://chenyen.cs.ucla.edu/projects/whynet/(2007 年 8 月現在)
11) R. Draves, J. Padhye and B. Zill: Routing in Multi-Radio, Multi-Hop Wireless Mesh Networks, MobiCom'04 (2004)
12) http://www.winlab.rutgers.edu/pub/docs/about/about.html(2007 年 8 月現在)
13) http://www.adhoc-nwk-consortium.jp/(2007 年 8 月現在)
14) S. Obana, B. Komiyama and K. Mase: Test-Bed Based Research on Ad Hoc Networks in Japan, IEICE TRANS. COMMUN., **E88-B**, 9 (2005)
15) 高橋義彦,大和田泰伯,須田利章,間瀬憲一:大規模無線アドホックネットワークテストベッドの開発,電子情報通信学会論文誌,**J89-B**, 6, pp. 836-848(2006)
16) 間瀬憲一:大規模災害時の通信確保を支援するアドホックネットワーク,電子

情報通信学会誌, **89**, 9, pp. 796-800 (2006)
17) 大和田泰伯, 鈴木裕和, 岡田　啓, 間瀬憲一：中山間地におけるメッシュネットワーク：山古志ねっとの構築, 電子情報通信学会2007年総合大会 (2007)
18) 大和田泰伯, 山口圭太, 土田健太, 村上裕一, 間瀬憲一：OLSRの実装と動作検証 nOLSRv2, 電子情報通信学会2006年総合大会 B-21-21, p. 581 (2006)
19) Mark Weiser : The Computer for the 21 st Century, Scientific American (1991)
20) Mark Weiser : Some Computer Science Issues in Ubiquitous Computing, Commun. ACM (1993)
21) 小牧省三, 間瀬憲一, 松江英明, 守倉正博：無線LANとユビキタスアドホックネットワーク, 丸善 (2004)
22) 阪田史郎：ユビキタスネットワーク社会を支える無線ネットワークの最新技術と将来動向, ITUジャーナル, **35**, 11 (2005)
23) 阪田史郎, 嶋本　薫 編著：無線通信技術大全, リックテレコム (2007)
24) 総務省：ユビキタスネットワーク技術に関する調査研究会報告書 (2003)
25) A. Muqattash and M. Krunz : Power Controlled Dual Channel Medium Access Protocol for Wireless Ad Hoc Networks, IEEE INFOCOM (2003)
26) 渡辺　裕, 阪田史郎：アドホックネットワーク・ルーティングプロトコルAODVにおける通信距離と消費電力の関係について, 電子情報通信学会総合全国大会 (2007)
27) 総務省関東総合通信局：首都圏直下地震発生時の帰宅困難者等の避難誘導に資するアドホック無線システムの構築に関する調査検討会報告書 (2007)

2章

1) 小牧省三, 間瀬憲一, 松江英明, 守倉正博：無線LANとユビキタスネットワーク, 丸善 (2004)
2) T. Clausen and P. Jacquet : Optimized Link State Routing Protocol (OLSR), RFC 3626 (2003)
3) C. Perkins, E. Belding-Royer and S. Das : Ad hoc On-Demand Distance Vector (AODV) Routing, RFC 3561 (2003)
4) 間瀬憲一：車々間通信とアドホックネットワーク, 電子情報通信学会論文誌, **J89-B**, 6, pp. 824-835 (2006)
5) 高野　朗, 岡田　啓, 間瀬憲一：位置情報利用型ルーティングの基礎評価, 電子情報通信学会2006年ソサイエティ大会 B-21-34 (2006)

6) 高野　朗，岡田　啓，間瀬憲一：シミュレーションによる位置情報利用型ルーティングの特性評価，電子情報通信学会 2007 年総合大会（2007）
7) 阪田史郎，青木秀憲，間瀬憲一：アドホックネットワークと無線 LAN メッシュネットワーク，電子情報通信学会論文誌（2006）
8) C. S. R. Murthy and B. S. Manoj : Ad hoc Wireless Networks, Prentice-Hall (2004)
9) C. K. Toh : Ad Hoc Mobile Wireless Networks ― Protocols and Systems ―, Pearson Education（2002）（構造計画研究所訳：アドホックモバイルワイヤレスネットワーク　―プロトコルシステム，共立出版（2003））
10) 阪田史郎編著：インターネットと QoS 制御，裳華房（2001）
11) 阪田史郎編著：インターネット・プロトコル，オーム社（情報処理学会編）（2005）
12) C. de Morais Cordeiro, H. Gossain and D. P. Agrawal : Multicast over Wireless Mobile Ad hoc Networks : Present and Future Directions, IEEE Network, **17**, 1, pp. 52-59 (2003)
13) S. J. Lee, M. Gerla and C. C. Chiang : On-Demand Multicast Routing Protocol (ODMRP), Proc. IEEE WCNC, pp. 1298-1302 (1999)
14) 須藤崇徳，飯塚宏之，江連裕一郎，松本　晃，伊藤哲也，阪田史郎：ノードの移動特性を考慮したアドホックマルチキャストプロトコル，電子情報通信学会情報ネットワーク研究会技術研究報告（2005）
15) E. M. Royer and C. E. Perkins : Multicast Ad hoc On-demand Distance Vector routing, Internet Draft (2000)
16) E. Bommaiah, M. Liu and R. Talpade : Ad hoc Multicast Routing Protocol, Internet Draft (1998)
17) J. J. Garcia-Luna-Acceves and E. L. Madruga : The Core-Assisted Mesh Protocol, IEEE J. SAC (1999)
18) S. J. Lee, W. Su, J. Hsu, M. Gerla and R. Bagrodia : Performance Comparison Study of Ad Hoc Wireless Multicast Protocols, IEEE INFOCOM (2000)
19) T. Kunz and E. Cheng : On-Demand Multicasting in Ad Hoc Networks, IEEE ICDCS (2002)
20) K. Viswanath and K. Obraczka : Exploring Mesh and Tree-based Multicast Routing Protocols for MANETs, IEEE Trans. On Mobile Computing (2006)
21) D. B. Johnson, D. A. Maltz and Y. -C. Hu : The Dynamic Source Routing Protocol (DSR) for Mobile Ad Hoc Networks for IPv 4, RFC 4728 (2007)

22) R. Ogier, F. Templin and M. Lewis : Topology Dissemination Based on Reverse-Path Forwarding (TBRPF), RFC 3684 (2004)
23) T. Clausen, C. Dearlove, J. Dean and C. Adjih : Generalized MANET Packet/Message Format, draft-ietf-manet-packetbb-04, Work in Progress (2007)
24) T. Clausen, C. Dearlove and J. Dean : MANET Neighborhood Discovery Protocol, draft-ietf-manet-ohdp-02, Work in Progress (2007)
25) T. Clausen, C. Dearlovemd and P. Jacquet : The Optimized Link-State Routing Protocol version 2, draft-ietf-manet-olsrv 2-03, Work in Progress (2007)
26) G. Pei, M. Gerla and T. -W. Chen : Fisheye State Routing : A Routing Scheme for Ad Hoc Wireless Networks, Proceedings of the IEEE International Conference on Communications, pp. 70-74, New Orleans, LA (2000)
27) I. Chakeres and C. Perkins : Dynamic MANET On-demand (DYMO) Routing, draft-ietf-manet-dymo-08, Work in Progress (2007)
28) J. Macker : Simplified Multicast Forwarding for MANET, draft-ietf-manet-smf-04, Work in Progress (2007)
29) 阪田史郎：パーソナルエリアネットワークの技術動向，電子情報通信学会通信ソサイエティ誌，**1**，2（2007）

3章

1) 阪田史郎編著：ZigBee センサーネットワーク―通信基盤とアプリケーション―，秀和システム（2005）
2) 阪田史郎編著：ユビキタス技術　センサネットワーク，オーム社（2006）
3) 間瀬憲一，小牧省三，松江英明，守倉正博：無線 LAN とユビキタスアドホックネットワーク，丸善（2004）
4) 阪田史郎編著：ユビキタス技術　無線 LAN，オーム社（2004）
5) 阪田史郎，青木秀憲，間瀬憲一：アドホックネットワークと無線 LAN メッシュネットワーク，電子情報通信学会論文誌（2006）
6) IEEE P 802.11 s /D 1.0.0, Draft Amendment to Standard (2006)
7) 野崎正典：IEEE 802.11 s における無線メッシュネットワークの標準化動向，電子情報通信学会第 4 回アドホックネットワーク・ワークショップ，pp. 1.7-1.10（2006）
8) 青木秀憲，竹田真二，柳生健吾，山田　暁：無線ブロードバンドの核心―IEEE 802.11 s，日経コミュニケーション（2006）

9) W. S. Conner : IEEE 802.11 TGs Functional Requirements and Scope, IEEE 802.11 document 04/1174 rl 3 (2005)
10) 青木秀憲, 大前浩司, 松本洋一 : Proposal of IEEE 802.11 s Layer-2 Mesh Network Architecture, 電子情報通信学会技術研究報告, RCS 2005-56 (2005)
11) W. S. Conner : IEEE 802.11 TGs Usage Models, IEEE 802.11 document 04/662 r 16 (2005)
12) 竹田真二, 柳生健吾, 青木秀憲, 松本洋一 : Multi-Interface Oriented Radio Metric On-demand Routing Protocol for Layer-2 Mesh Networks, 電子情報通信学会技術研究報告, RCS 2004-58 (2005)
13) 藤原 淳, 山田 暁, 松本洋一 : EDCA Parameter Optimization for Layer-2 Mesh Network Throughput, 電子情報通信学会技術研究報告, RCS 2004-60 (2005)
14) 柳生健吾, 藤原 淳, 竹田真二, 大前浩司, 青木秀憲, 松本洋一 : Topology and Traffic Aware Channel Assignment for Lyaer-2 Mesh Networks, 電子情報通信学会技術研究報告, RCS 2004-61 (2005)
15) 阪田史郎, 嶋本 薫編著 : 無線通信技術大全, リックテレコム (2007)
16) 阪田史郎 : 無線 LAN の最新技術と今後の展開, 電気学会研究会 (2007)

4章

1) 小牧省三, 間瀬憲一, 松江英明, 守倉正博 : 無線 LAN とユビキタスネットワーク, 丸善 (2004)
2) N. H. Vaidya : Weak Duplicate Address Detection in Mobile Ad Hoc Networks, in Proc. of ACM MobiHoc 2002, pp. 206-216 (2002)
3) K. Weniger : PACMAN: Passive Autoconfiguration for Mobile Ad hoc Networks, IEEE Journal of Selected Areas of Communications (JSAC), **23**, 3 (2005)
4) P. M. Ruiz, F. J. Ros and A. Gomez-Skarmeta : Internet Connectivity for Mobile Ad Hoc Networks: Solutions and Challenges, IEEE Communications Magazine, pp. 118-125 (2005)
5) 間瀬憲一, 大和田泰伯, 前野 誉 : モバイルアドホックネットワークのインターネット接続方式, 電子情報通信学会論文誌, **J90-B**, 4 (2007)

5章

1) 小牧省三, 間瀬憲一, 松江英明, 守倉正博 : 無線 LAN とユビキタスネット

ワーク,丸善(2004)
2) P. Gupta and P. R. Kumar : The Capacity of Wireless Networks, IEEE Trans. Inform. Theory, **46**, 2, pp. 388-404 (2000)
3) 中野敬介,宮北和之,仙石正和,篠田庄司:マルチホップ無線網における移動体流と情報伝達の関係に関する考察,日本オペレーションズ・リサーチ学会2006年度待ち行列シンポジウム(2007)
4) K. Nakano, Y. Shirai, M. Sengoku and S. Shinoda : On Connectivity and Mobility in Mobile Multi-hop Wireless Networks, 2003 IEEE Vehicular Technology Conference (VTC 2003-Spring), Proceedings (2003)
5) 間瀬憲一,大和田泰伯,前野 誉:モバイルアドホックネットワークのインターネット接続方式,電子情報通信学会論文誌, **J90-B**, 4 (2007)
6) S. Xu and T. Saadawi : Does the IEEE 802.11 MAC Protocol Work Well in Multihop Wireless Ad Hoc Networks?, IEEE Communications Magazine, **39**, pp. 130-137 (2001)
7) A. Jayasuriya, S. Perreau, A. Dadej and S. Gordon : Hidden vs. Exposed Terminal Problem in ad hoc Networks, Proceedings of the Australian Telecommunications, Networks and Architecture Conference (ATNAC 2004), Sydney (2004)
8) C. -M. Wu and T. -C. Hou : The Impact of RTS/CTS on Performance of Wireless Multihop Ad Hoc Networks Using IEEE 802. 11 Protocol, IEEE International Conference on Systems, Man and Cybernetics, **4**, pp. 3558-3562 (2005)
9) 大和田泰伯,山口圭太,土田健太,村上裕一,間瀬憲一:OLSRの実装と動作検証 NOLSRv2,電子情報通信学会2006年総合大会 B-21-21, p. 581 (2006)
10) 高橋義彦,大和田泰伯,須田利章,間瀬憲一:大規模無線アドホックネットワークテストベッドの開発,電子情報通信学会論文誌, **J89-B**, 6, pp. 836-848 (2006)
11) 高橋義彦,兼子陽市郎,間瀬憲一:無線メッシュネットワークにおける高スループット経路選択に関する実験的検証,電子情報通信学会論文誌, **J90-B**, 3 (2007)
12) http://www.reseaucitoyen.be/wiki/index.php/UnikOlsr (2007年8月現在)
13) H. Lundgren, E. Nordstrom and C. Tschudin : Coping with Communication Gray Zones in IEEE 802.11 b based Ad Hoc Networks, Proceedings of 5 th ACM International Workshop on Wireless Mobile Multimedia (WoWMoM'

02), pp. 49-55 (2002)
14) I. D. Chakeres and E. M. Belding-Royer : The Utility of Hello Messages for Determing Link Connectivity, The 5 th International Symposium on Wireless Personal Multimedia Communications (WPMC), pp. 504-508 (2002)

6章

1) D. De Couto, D. Aguayo, J. Bicket and R. Morris : A High Thoughput Path Metric for Multi-Hop Wireless Routing, In MOBICOM (2003)
2) R. Draves, J. Padhye and B. Zill : Routing in Multi-Radio, Multi-Hop Wireless Mesh Networks, In MOBICOM (2004)
3) B. Awerbuch, D. Holmer and H. Rubens : The Medium Time Metric: High Throughput Route Selection in Multi-rate Ad Hoc Wireless Networks, Technical Report, Johns Hopkins University (2004)
4) Y. Yang, J. Wang, and R. Kravets : Interference-aware Load Balancing for Multihop Wireless Networks, UIUCDCS-R-2005-2526 (2005) (revised 2005)
5) J. L. Sobrinho : Algebra and Algorithms for QoS Path Computation and Hop-by-Hop Routing in the Internet, IEEE/ACM Trans. on Networking, **10**, 4 (2002)
6) J. L. Sobrinho : Network Routng with Path Vector Protocols : Theory and Applications, ACM SIGCOMM, pp. 49-60 (2003)
7) Jungmin So and Nitin H. Vaidya : Routing and Channel Assignment in Multi-Channel Multi-Hop Wireless Networks with Single Network Interface, The Second International Conference on Quality of Service in Heterogeneous Wired/Wireless Networks (QShine) (2005)
8) A. Raniwala, K. Gopalan and T. Chiueh : Centralized Channel Assignment and Routing Algorithms for Multi-Channel Wireless Mesh Networks, ACM SIGMOBILE Mobile Computing and Communications Review, 8, 2 (2004)
9) J. Tang, G. Xue, and W. Zhang : Interference-Aware Topology Control and QoS Routing in Multi-Channel Wireless Mesh Networks, MobiHoc'05 (2005)
10) A. Raniwala and T. Chiueh : Architecture and Algorithms for an IEEE 802.11-Based Multi-Channel Wireless Mesh Network, INFOCOM 2005 (2005)
11) P. Kyasanur and N. H. Vaidya : Routing and Link-layer Protocols for Multi-Channel Multi-Interface Ad Hoc Wireless Networks, Technical Report,

University of Illinois at Urbana-Champaign (2005)
12) IEEE P 802.11 s/D 1.00 (2006)
13) 岡田　啓，間瀬憲一，野崎正典，張　兵：IEEE 02.11 s　RA-OLSR における STA 所属情報の低負荷転送・処理方法，電子情報通信学会 2007 年総合大会 (2007)
14) H. Badis and K. A. Agha : CEQMM: A Complete and Efficient Quality of Service Model for MANETs, PE-WASUN'06 (2006)
15) M. G. Zapata and N. Asokan : Securing Ad Hoc Routing Protocols, WiSe'02 (2002)
16) H. Yang, J. Shu, X. Meng and S. Lu : SCAN: Self-Organized Network-Layer Security in Mobile Ad Hoc Networks, IEEE Journal on Selected Areas in Communications, **2**, 2, pp. 261-273 (2006)

索引

【あ】

アソシエーション　120
アドホックネットワーク　3

【い】

位置情報　29
位置情報利用型ルーティング　43
インサービス DAD　129,131
インターネットアクセス　3
インターネットゲートウェイ　132
インフラストラクチャ BSS　148

【お】

欧州通信規格協会　7
オーセンティケータ　120
オーバレイマルチキャスト　54
オフィスネットワーク　101
オムニアンテナ　1,9

【か，き】

階層的チャネル割当　169
拡大リング探索　62
共通プレフィックス配布方式　136
共有木　55

【く】

クロスレイヤ設計　161
グローバルアソシエーションデータベース　171
グローバルアドレス　127

【こ】

コアノード　55,62
コグニティブ無線　30
固定 WiMAX　94

【さ】

サプリカント　121
参加応答　58
参加要求　57

【し】

ジオキャスト　44,49,54
指向型フラッディング方式　44,46,48
時刻同期　29
次ホップ転送方式　44,47
シミュレーション　138
情報家電　101
シンクノード　52

【す】

スタンドアローン型 MANET　3
ステートフル型　128
ステートレス型　128

【せ】

接続型 MANET　3
センサネットワーク　92

【そ】

送信元木　54

【た】

測位　29
ソフトステート　57

畳込み符号　90
短距離無線　18
単純フラッディング　46

【ち】

遅延　28
チャネル割当　164

【つ，て】

ツリー型　55
低密度パリティ検査符号　90
テストベッド　138
データ配信率　27
転送グループ　57

【と】

独立 BSS　148
トポロジー利用型　43,44
貪欲前進法　45

【は】

パケット損失率　27,30
ハードステート　57
ハローメッセージ　33,37

【ひ，ふ】

ビーコン　105
複数アドレス広告方式　135
フラッディングオーバヘッド　46
4G　89

索引

プリコーサ 73
プリサービス DAD 129, 130
プロアクティブ型 32, 43
ブロードキャスト 33

【へ，ほ】

ベストエフォートトラヒック 175, 176
ホップカウント 41
ホームネットワーク 101, 124

【ま】

マルチキャスト 52
マルチホップ通信 9

【む】

無指向性 1

無線 LAN 18
無線 MAN 18
無線 PAN 18
無線 WAN 18
無線マルチホップ通信 2

【め，も】

メッシュアクセスポイント 4
メッシュ型 54, 55
メッシュネットワーク 3, 5
メッシュポイント 3
メッシュポータル 4
メトリック 105, 157
モバイル WiMAX 94

【ゆ】

ユニキャスト 52
ユニークローカルアドレス 127

【ら，り】

ランダムウェイポイントモデル 140
リアクティブ型 32, 43
リンク層 4
リンク層通知 162
リンクローカルアドレス 127

【る，れ】

ルーティングプロトコル 2, 3, 4, 32
レート 157

【ろ】

ローカルアソシエーションデータベース 172
ローカルアドレス利用方式 135

【A】

AAA 88
ACK 42
AES 85
AIFS 83
AIFSN 82, 115
airtime 112
ALM 54
ALMA 55
ALMI 54
AMRoute 57
AODV 7, 27, 38, 64, 73, 178
AP 1
APSD 84, 121
AS 2, 32
ASCII コード 85
ASK 91
ATIM 122
AUTOCONF 16, 21

【B】

BAN 18
Bayeux 54
Bellman-Ford 32
block ACK 84
Bluetooth 79, 92
BPSK 90
BSS 76
BSSID 148, 151
BTP 54

【C】

C2C-CC 91
CA 86
CAMP 57
CBT 54
CCK 79
CCMP 86
CTS 42, 122
CW_{max} 82, 115
CW_{min} 82, 115

【D】

DAD 129
DCF 81
DES 86
DHCP 128
Diameter 88
Dijkstra 32, 38
DLP 84
DOS 121
DPD 74
DS 79, 102
DSDV 7, 8
DSR 6, 9, 64, 106
DSRC 90
DTIM 122
DVMRP 54
DYMO 7, 64, 73

索引

【E】

EAP	86
EAP-MD5	86
EAP-TLS	86
EDCA	81
e-Life	17
ETC	91
Ethernet	76
ETSI	7
ETSI BRAN	77
ETT	159, 160, 171
ETX	9, 158

【F】

FFD	95
FG	57
forwarding group	57
FSR	11

【G】

GAB	110, 171
GloMoSim	8, 57, 138
GPS	44
gratuitous RREP	112

【H】

HBM	54
HCCA	81
HWMP	106

【I】

IAPP	84
IBSS	101, 120, 148
IEEE 802	76
IEEE 802.11	15, 42, 76, 149
IEEE 802.11a	9, 15, 77, 90
IEEE 802.11b	8, 77, 146
IEEE 802.11e	79
IEEE 802.11f	84
IEEE 802.11g	77
IEEE 802.11i	85
IEEE 802.11n	78, 88
IEEE 802.11p	90
IEEE 802.11r	84, 99
IEEE 802.11s	4, 79, 85, 171
IEEE 802.11w	91, 120
IEEE 802.15.1	20
IEEE 802.15.3a	20
IEEE 802.15.4	20
IEEE 802.15.4a	20
IEEE 802.16-2004	94
IEEE 802.16e	94
IEEE 802.16j	95
IEEE 802.1D	123
IEEE 802.1x	85, 121
IEEE 802.21	85
IETF	16, 64
IGW	132
IPv4	91
IPv6	91
IPアドレスブロック	65
IP電話	84
IPネットワーク	127
IPパケット	65, 127
IPマルチキャスト	54
IrDA	78
ITS	29, 90

【J】

JQ	57
Join query	57
Join reply	58
JR	58

【L】

LAB	110, 172
LAN	18
LBM	54
LDPC	90
Linux	146
LWMP	102

【M】

MAC	80
MAC-SAP	88
MANET	1, 5, 16, 33
MAODV	57
MAP	4, 102, 171
MDA	116
MDAOP	117
mesh ID	116
MIB	124
MIC	161
MIH	84
MIMO	89
MOSPF	54
MP	3, 102, 171
MPP	4, 102
MPR	7, 35, 36, 53, 64, 70
MPRセット	37
MPRセレクタ	35, 36, 71
MPRフラッディング	36, 37, 50
MR	124

【N】

Narada/ESM	54
NHDP	64, 67, 71, 141
NICE	54
ns-2	6, 138

【O】

ODMRP	57
OFDM	78, 91
OFDMA	125
OLSR	7, 11, 27, 34, 64, 67, 74, 154, 175
OLSRv2	7, 11, 64, 70, 141
OLSRインタロップ	11
OSI	22
OSPF	32
Overcast	54

索引　　195

【P】

P2P	29
PAST-DM	55
PCF	81
PDA	13, 23
Peercast	54
PHS	23
PIM-DM	54
PIM-SM	54
PKI	86
probe response フレーム	105
PSK	121
PREQ	126

【Q】

QAM	90
QoS	174
QoS 制御	29
QoS フロー	175
QPSK	90, 91
QualNet	57, 138

【R】

RADIUS	88, 120
RANN	113
RA-OLSR	106, 111, 171
RC4	85
RERR	40
RFC	88
RFC 3561	7
RFC 3626	7
RFC 3684	7
RFC 4728	6
RFD	97

RIP	32
RM-AODV	106, 110
RREP	39, 59, 179
RREQ	38, 59, 179
RSN	88, 119
RSNA	120
RSSI	118
RTS	42, 124
RTS/CTS	140

【S】

Scattercast	54
SLA	30
SMF	64, 74
SOHO	101
SSID	117
SSO	84
STA	102
STP	123

【T】

TBR	106
TBRPF	7, 64, 74
TC	36
TCP	113
TC メッセージ	72
TDD	125
TG	79
TGnSync	90
TKIP	85
TLV	65, 71
TTL	39, 105, 109
TXOP	82
TXOP Limit	82, 115

【U】

UCG	119
UDP	65, 113
u-Japan	17
UWB	93

【V】

VANET	8, 30, 44
VHF	23
VII	90
VoIP	11, 84
VoIP 通信	13

【W】

WAVE	90
WCETT	9, 160
WECA	78
Wi-Fi	15
Wi-Fi Alliance	78, 88
Wi-Fi 網	9
WiMAX	89, 94
WPA	88
WPAv2	88
WWiSE	90

【Y, Z】

Yoid	54
ZigBee	79, 92
ZigBee エンドデバイス	95
ZigBee コーディネータ	52, 95
ZigBee センサネットワーク	29
ZigBee ルータ	95

――著者略歴――

間瀬　憲一（ませ　けんいち）
1970 年　早稲田大学理工学部電気通信学科
　　　　卒業
1972 年　早稲田大学大学院理工学研究科修士
　　　　課程修了（電気工学専攻）
1972 年　電電公社（現 NTT）勤務
1983 年　工学博士（早稲田大学）
1999 年　新潟大学教授
2004 年　新潟大学大学院教授
　　　　現在に至る

阪田　史郎（さかた　しろう）
1972 年　早稲田大学理工学部電子通信工学科
　　　　卒業
1974 年　早稲田大学大学院理工学研究科修士
　　　　課程修了（電子通信工学専攻）
1974 年　日本電気（株）勤務
1990 年　工学博士（早稲田大学）
1997 年
〜99 年　奈良先端科学技術大学院大学客員
　　　　教授
2004 年　千葉大学大学院教授
　　　　現在に至る

アドホック・メッシュネットワーク
―ユビキタスネットワーク社会の実現に向けて―
AdHoc Networks and Mesh Networks

© Ken'ichi Mase, Shiro Sakata 2007

2007 年 9 月 20 日　初版第 1 刷発行
2012 年 11 月 20 日　初版第 2 刷発行　　　　　　　　　★

検印省略	著　者　間　瀬　憲　一
	阪　田　史　郎
	発行者　株式会社　コロナ社
	代表者　牛来真也
	印刷所　壮光舎印刷株式会社

112-0011　東京都文京区千石 4-46-10
発行所　株式会社　コロナ社
CORONA PUBLISHING CO., LTD.
Tokyo　Japan
振替 00140-8-14844・電話(03)3941-3131(代)
ホームページ http://www.coronasha.co.jp

ISBN 978-4-339-00791-6　　（松岡）　　（製本：グリーン）
Printed in Japan

本書のコピー，スキャン，デジタル化等の無断複製・転載は著作権法上での例外を除き禁じられております。購入者以外の第三者による本書の電子データ化及び電子書籍化は，いかなる場合も認めておりません。

落丁・乱丁本はお取替えいたします。

電子情報通信レクチャーシリーズ

■電子情報通信学会編　（各巻B5判）

共通

記号	配本順	書名	著者	頁	定価
A-1		電子情報通信と産業	西村吉雄著		
A-2	(第14回)	電子情報通信技術史 ―おもに日本を中心としたマイルストーン―	「技術と歴史」研究会編	276	4935円
A-3	(第26回)	情報社会・セキュリティ・倫理	辻井重男著	172	3150円
A-4		メディアと人間	原島博／北川高嗣共著		
A-5	(第6回)	情報リテラシーとプレゼンテーション	青木由直著	216	3570円
A-6		コンピュータと情報処理	村岡洋一著		
A-7	(第19回)	情報通信ネットワーク	水澤純一著	192	3150円
A-8		マイクロエレクトロニクス	亀山充隆著		
A-9		電子物性とデバイス	益一哉／天川修平共著		

基礎

記号	配本順	書名	著者	頁	定価
B-1		電気電子基礎数学	大石進一著		
B-2		基礎電気回路	篠田庄司著		
B-3		信号とシステム	荒川薫著		
B-5		論理回路	安浦寛人著		
B-6	(第9回)	オートマトン・言語と計算理論	岩間一雄著	186	3150円
B-7		コンピュータプログラミング	富樫敦著		
B-8		データ構造とアルゴリズム			
B-9		ネットワーク工学	仙石正和／石村敬裕／中野敬介共著		
B-10	(第1回)	電磁気学	後藤尚久著	186	3045円
B-11	(第20回)	基礎電子物性工学 ―量子力学の基本と応用―	阿部正紀著	154	2835円
B-12	(第4回)	波動解析基礎	小柴正則著	162	2730円
B-13	(第2回)	電磁気計測	岩﨑俊著	182	3045円

基盤

記号	配本順	書名	著者	頁	定価
C-1	(第13回)	情報・符号・暗号の理論	今井秀樹著	220	3675円
C-2		ディジタル信号処理	西原明法著		
C-3	(第25回)	電子回路	関根慶太郎著	190	3465円
C-4	(第21回)	数理計画法	山下信雄／福島雅夫共著	192	3150円
C-5		通信システム工学	三木哲也著		
C-6	(第17回)	インターネット工学	後藤滋樹／外山勝保共著	162	2940円
C-7	(第3回)	画像・メディア工学	吹抜敬彦著	182	3045円
C-8		音声・言語処理	広瀬啓吉著		
C-9	(第11回)	コンピュータアーキテクチャ	坂井修一著	158	2835円

配本順				頁	定価
C-10		オペレーティングシステム	德田英幸 著		
C-11		ソフトウェア基礎	外山芳人 著		
C-12		データベース	田中克己 著		
C-13		集積回路設計	浅田邦博 著		
C-14		電子デバイス	和保孝夫 著		
C-15	(第8回)	光・電磁波工学	鹿子嶋憲一 著	200	3465円
C-16		電子物性工学	奥村次德 著		
		展開			
D-1		量子情報工学	山崎浩一 著		
D-2		複雑性科学	松本隆 編著		
D-3	(第22回)	非線形理論	香田徹 著	208	3780円
D-4		ソフトコンピューティング	山川烈／堀尾恵一 共著		
D-5	(第23回)	モバイルコミュニケーション	中川正知／大槻知明 共著	176	3150円
D-6		モバイルコンピューティング	中島達夫 著		
D-7		データ圧縮	谷本正幸 著		
D-8	(第12回)	現代暗号の基礎数理	黒澤馨／尾形わかは 共著	198	3255円
D-10		ヒューマンインタフェース	西田正吾／加藤博一 共著		
D-11	(第18回)	結像光学の基礎	本田捷夫 著	174	3150円
D-12		コンピュータグラフィックス	山本強 著		
D-13		自然言語処理	松本裕治 著		
D-14	(第5回)	並列分散処理	谷口秀夫 著	148	2415円
D-15		電波システム工学	唐沢好男／藤井威生 共著		
D-16		電磁環境工学	德田正満 著		
D-17	(第16回)	VLSI工学 ―基礎・設計編―	岩田穆 著	182	3255円
D-18	(第10回)	超高速エレクトロニクス	中村徹／三島友義 共著	158	2730円
D-19		量子効果エレクトロニクス	荒川泰彦 著		
D-20		先端光エレクトロニクス	大津元一 著		
D-21		先端マイクロエレクトロニクス	小柳光正／田中徹 共著		
D-22		ゲノム情報処理	高木利久／小池麻久子 編著		
D-23	(第24回)	バイオ情報学 ―パーソナルゲノム解析から生体シミュレーションまで―	小長谷明彦 著	172	3150円
D-24	(第7回)	脳工学	武田常広 著	240	3990円
D-25		生体・福祉工学	伊福部達 著		
D-26		医用工学	菊地眞 編著		
D-27	(第15回)	VLSI工学 ―製造プロセス編―	角南英夫 著	204	3465円

定価は本体価格+税5%です。
定価は変更されることがありますのでご了承下さい。

図書目録進呈◆